谁动了我的老鼠

猫咪自助手册

（其实他们不需要任何帮助）

“美国猫咪幽默作家”蒂娜·哈瑞斯
“全美无所不知者”喵喵先生　著
安·柏雅强　图
贾雪　译

人民文学出版社

著作权合同登记:图字 01-2011-6745 号

Dena Harris
WHO MOVED MY MOUSE

图书在版编目(CIP)数据

谁动了我的老鼠/(美)哈瑞斯著;(美)柏雅强绘;贾雪译.—北京:人民文学出版社,2011
ISBN 978-7-02-008853-9

Ⅰ.①谁… Ⅱ.①哈… ②柏… ③贾… Ⅲ.①个人-修养-通俗读物 Ⅳ.①B825-49

中国版本图书馆 CIP 数据核字(2011)第 253468 号

特约策划:潘丽萍
责任编辑:马爱农
封面设计:汪佳诗

出版发行　人民文学出版社
社　　址　北京市朝内大街 166 号
邮政编码　100705
网　　址　http://www.rw-cn.com
印　　制　山东临沂新华印刷物流集团
经　　销　全国新华书店等
字　　数　100 千字
开　　本　787×1092 毫米　1/32
印　　张　4.5
版　　次　2012 年 1 月北京第 1 版
印　　次　2012 年 1 月第 1 次印刷
书　　号　978-7-02-008853-9
定　　价　20.00 元

目录

成功的秘诀在于找到替罪羊。

——佚名（可能是某只猫）

感谢信

喵喵先生的感谢信

首先，我要承认自己的确高人一等，也要感谢甘拜下风的你们。此话足矣。对本书毫无贡献的人类只不过做了抄写、打印、编辑、装订等工作（灵感枯竭时，偶尔给我点金枪鱼），却也妄想说上几句。我不在这儿逗留了。有些无聊，闪了。再见。

人类的感谢信

看着某人的眼睛，承认自己最新的作品是一本写给猫咪的自助书，这比你想象中的更加困难。（但有时人们也会对你心生怜悯，给你三五枚铜板。）非常感谢爱猫的朋友们，当他们听说这本书时，不仅没有板起扑克脸，反而在我写书的过程中给予鼓励与帮助。以下感谢名单排名不分先后：罗·科尔森、翠莎·伊密斯、埃德蒙德·舒伯特、莱恩·库宁汉姆、汤姆·贝克、鲁迪·道格尔特·克拉克、丹尼尔·雪莉、潘·凯伯、克里斯托弗·莱利。

特别感谢凯斯特格拉组稿社的威利福尔德·高登愿意接受此书，也感谢她的邮件：“回复：你觉得这个关于猫砂的笑话如何？”

感谢十速出版社以及优秀的编辑丽莎·维特莫拉德。

最后特别感谢露西与奥利维亚每天提醒我猫咪是完美的，根本不需要我的帮助。

第一章

猫与上帝的一场对话

你将听到的是一场在你看来只会出现在梦里的、非同寻常的对话……

如果你有机会向上帝询问所有关于“存在”的问题——为什么会有安乐椅的存在？逗猫棒上的羽毛掉到沙发下面之后，究竟到哪儿去了？为什么人类不把金鱼做成开胃寿司？

上帝将如何回答你？（这可不单单是你吃了猫薄荷才会产生的对话。）

当你在椅子下钻来钻去，将电视遥控器用力地摔到未知的角落，也无法让你获得平常的满足感时，你发现你的心正隐隐作痛。有一些东西正在消失。以下这番对话将取代并治愈你的心痛，或者至少能暂时转移你的注意力，直至一只天真可爱的小鸟飞进你的庭院。

准备好了吗？上帝有话对你说。

问：亲爱的上帝，狗的作用是什么？我绞尽脑汁，却百思不得其解。

答：我创造的是一个相对的世界。无上即无下，无黑即无白，没有喵喵喵，哪来汪汪汪。狗的存在即是为了维持这种相对。猫是优雅高贵的化身，那么与之相对，必定有笨拙粗鲁的动物。狗的存在就是为了衬托我创造的最高级生物——猫。

问：为什么“狗（DOG）”倒过来拼写即是“上帝（GOD）”？

答：这是我一时疏忽犯下的严重错误。对此我也困惑不已，试图找出原因。在此致以我诚挚的歉意。

问：我把抓来的小动物放在人类的后门廊里，作为我对您的献礼，这是否能为将来上天堂的我加分？

答：这样做也无妨。意外的礼物最能表达感情，尤其是依然活蹦乱跳的礼物。与我分享礼物的你实在是太可爱了。猫咪乖！

问：你为什么允许坏东西的存在？例如安乐椅、吸尘器、宠物装……

答：诸如此类的很多东西都是我自娱自乐的产物。我还曾提倡“将吉娃娃放进手袋里”呢，现在想起来，仍然让我忍俊不禁。难以置信人类竟然会上当。

问：是的，可是安乐椅呢？我真的很讨厌这个坏东西。

答：难道我没有赋予你“快如闪电疾如风”的反应吗？这即是为世间危险而对你所作的弥补。伸出你那锋利的爪子，让安乐椅瞧瞧谁才是老大。

问：我正努力实现涅槃的境界。每天舔碗底五十次能够获得内心的平静吗？

答：还不够，但是接近了，继续努力。

问：为什么没人懂得我对沙发流苏的切齿之恨呢？它们是邪恶的代名词，必须被毁灭。

答：别在意他人的看法。当你袭击随机的目标时——尤其是带流苏的目标——要确定这是在履行上帝的职责。

问：为什么猫在黑暗中的视力胜过人类？

答：我想这样会更有趣。

问：当人类把逗猫棒扔到沙发下面时，逗猫棒上的羽毛究竟哪儿去了？我担心前爪会粘上什么东西。

答：虽然我不能肯定沙发下的黑暗通向何方，但我听说那儿靠近拉斯维加斯。

问：还要多久我才能和鱼缸里的鱼玩耍？

答：如果我发现你靠近鱼缸，我会掏出水枪。作为上帝，我的枪法可是一流的。听明白了吗？

问：明白了。那为什么猫有九条命呢？为什么不是七条、十二条或三十六条？

答：九条命与猫食品牌[1]相一致，看似很有逻辑性。

问：暴食是一种罪恶吗？（我完全是出于好奇才问的。）

答：我要说的是，进餐时不能像鲨鱼争夺扔进水里的鱼饵一样蜂拥而上，而是应该先停下来（或用爪子[2]抓住食

① “九条命”是美国著名猫食品牌。

② “停下来（pause）”与“爪子（paws）”发音相近。

物——嘿嘿——懂了吗？），表达对食物的感激之情。狼吞虎咽是一种罪过吗？不是。这副风卷残云的吃相是否有些粗俗？坦白地说，是的。

问：黑猫真是厄运的象征吗？

答：不是，但要注意保密。看着人类为此忧心忡忡，黑猫正乐在其中呢。

问：当我希望四脚着地时，人类为什么坚持将我拎起来？

答：这显然是缺乏沟通的表现。试着用爪子挠挠人类的胸膛，看看能否消除误会。

问：对于猫是否应该被关在室内、室外或两者结合的问题，我很想听听你的看法。

答：有一点我很明白，如果我希望与对方维持友谊，我决不和他讨论关于宗教、政治或室内外养猫之争的话题。然而我要说的是，如果你们整个族群在室内外的问题上能更加坚决果断地表态，那将有助于解决问题。因为在你们犹豫不定的同时会招来成群的苍蝇。

问：我为什么对樟脑草情有独钟？

答：鲜为人知的是，樟脑草含有百分之五的伟哥、百分之十的牡蛎提取物、百分之八十五的红牛。

问：为什么我总是莫名地喜欢在各个房间里穿梭呢？

答：理由同上。

问：为什么人类和我说话时，总把我当作婴儿？

答：不准在话中使用叠词（比如，“这只喵喵多可爱呀”；“他用小爪爪在干什么呀”），这一清规戒律似乎已被人类在不经意间遗忘。其实这不是人类的错。谁让我把你们创造得如此可爱呢。不是吗？是的。是的。你们真是甜心宝贝，小乖乖哦。咳咳，对不起。

问：我喜欢在脏兮兮的袜子、胸罩、内衣里打滚，这有错吗？

答：只要你不穿它们，就没错。

问：为什么没人能够弄清楚猫的咕噜声究竟来自何处？

答：只要公布此消息的许可权一经批准，我就告诉你。

问：为什么电视上的猫看起来比我更加快乐呢？在我那小小的窝里，我为什么从没有像他们在窝里那样尽情玩闹并获得满足？

答：记住，电视上的画面大多纯属虚构。（除了职业摔跤赛，这是无法造假的。）

问：我在书上读到，地球绕着太阳转，但我以前认为世界绕着我转。到底真相是什么？

答：我知道你非常喜欢享受阳光，所以我才让地球绕着太阳转。别担心，最终一切都将回到你身边。

问：你是否有求必应？

答：当然了，还记得隔壁的杜宾犬被犁耙痛打的悲惨遭遇吗？难道是巧合？我看不是吧。

问：当我吃落在地上的食物时，主人总是冲我大吼大叫。他们这样做有道理吗？这是否不卫生？

答：只要你遵循五秒法则——食物掉在地上后，五秒内捡起来吃是安全的。对了，你认为该法则的创造者是谁呢？

问：如果人类不喜欢我碰电脑，为什么会将一个部件命名为鼠标？

答：又一条你从人类身上得知的错误信息，正如他们责骂你在沙发上磨爪子一样。他们为什么会将沙发放在那儿呢？

问：你认为谁是世界上的无名英雄？

答：保护动物的志愿者、猫罐头工厂的工人、三文鱼口味的猫用喂药零食的发明者。

问：说得好，还有吗？

答：我一直认为威廉·夏特纳[1]的演技没有得到应有的认可。

问：为什么在人类的印象中，狗是忠诚的，猫却是冷漠的？这不公平。

答：我必须给狗一个机会。你集智慧、美丽、优雅于一身，还拥有安静的爪子，能够悄无声息地接近人类。狗却只

---

① 加拿大演员、音乐人、小说家，曾入围金酸霉奖世纪最烂男主角奖。

有难闻的气味、分泌过于旺盛的唾液腺、平平的能力。恕我直言，忠诚是我让犬类动物获得骨头的方法。

问：猫永远用脚着陆的传说是从谁开始的？

答：公元前一千两百年前一个叫做菲尔的人。

问：为什么发臭的鞋子——尤其是皮鞋——对我有如此大的吸引力？我就是无法不管它们。

答：讨论这个问题我感到有些不适。我会把我医生的电话号码给你。

问：上帝也有医生吗？

答：不幸的是，在我与把地球弄得一团糟的人类打完一天交道后，没有足够多的猫令我放松神经。战争、污染、低腰牛仔裤……我忙得分身乏术。

问：为什么人类固执地用错误的方法摸我的毛？

答：出于同样的原因，他们也固执地收看电视剧《黄金女郎》的重播，听迪斯科音乐。他们就是如此的疯狂。

问：俗话说，“好奇心杀死猫”，这是真的吗？

答：不是。其实原话是“凶残莫过老鼠”，然而就在其中一次“电话”游戏中，这句话被误听误传了。

问：为什么我们没有对生拇指？似乎您不想让我们拧开门把手，或打开易拉罐。

答：这是我掷硬币决定的。人类拥有对生拇指，猫拥有能够识别七十六种无线电频率的胡须、保持平衡的尾巴、可降落着陆的脚。坦率地说，我认为你们的优势更明显。

问：为什么没人欣赏我快如闪电的忍者本领？

答：我也不能肯定，但是你每次从黑暗中跳出来，袭击灰尘绒球，尖叫“啊啊——呀呀！”，即使这么做也于事无补。

问：我一边和您对话，一边看着走廊镜子中的自己。这是否意味着我就是上帝呢？

答：几乎就是了。

第二章

猫之性格大揭秘

你是否属于A型性格的猫科动物，在夜间漫步，永远担心碗里的食物会变少？你是否时常听到别人用贬义的外号（例如“懒球”）来称呼你？当然，前提是在你还醒着的情况下。如果你知道在猫砂里乱刨或啃咬植物的爱好是命中注定的，换言之，如果你的所作所为并非你的错，你会有何感想？

猫的性格影响着他们生活中的方方面面，从跟踪猎物到对樟脑草沉醉不已，从睡眠习性到社会互动，无所不包。以下的性格检测将识别出猫的天性喜好。请注意，正如将花栗鼠斩首的方式无关对错一样，猫的性格也没有“最佳”或“最差”之分。

了解自己的性格类型有助于你在日常生活中更好地表达你天生的喜好。你会找到自己感兴趣的职业，并学会如何弥补你那些让人毛骨悚然的怪癖。例如，SEBR(Snuggler Eager Bold Rebel，合群、活力、莽撞的叛逆者）类型的猫通常过于兴奋，容易基于当下的情形做出欠佳的决定（“我要爬到这棵大树的树顶！”），而非停下来看看大局（“我永远都有爬上这棵树的潜力”）。

完成评估后，你能够将其用于以下几个方面：

- 判断（你的）优势与（他人的）劣势。
- 在你抓挠家具前，决定你能忍受多久的交往。
- 寻找与你性格完美合拍的契约佣工（即“人类”）。
- 回答诸如“啊！你为什么这么做？”或“你究竟怎么搞的？！”之类的问题。
- 选择适合的最佳职业，例如睡眠研究者（LEFG[①]）或卧底（SEBI[②]）——名副其实的“卧”。
- 标记猫砂盆。

你的性格评估

完成此评估最多耗时十分钟——或者，考虑到打盹的因素，需要三天时间。

猫咪的性格类型如下表所示：

---

① 全称为Large and Complex Financial Institutions，大型复杂金融机构。

② 全称为Securities and Exchange Board of India，印度证券交易委员会。

性格类型描述				
你关心的对象	L	**孤僻**（Loner） 孤僻型的猫什么也不需要（除了偶尔在四下无人的时候来一顿金枪鱼大餐）。你关心的是在家中寻找一处僻静的地方，让主人认为你已经逃走了。	S	**合群**（Snuggler） 谁人人都爱？当然就是你了！合群型的猫在意的是与人类、其他动物以及绒毛织物尽量亲近，不管绒毛织物是大到地毯还是小到线袜。
你接受信息的方式	E	**活力**（Eager） 活力型的猫对生活有一种天生的好奇。包里装着什么？为什么浴室门紧闭着？要是我吃了这盆植物会怎么样呢？	C	**懒惰**（Comatose） 生活中有什么能比蒙头大睡更重要？就算门铃声大作，懒惰的猫也不愿睁开惺忪的睡眼。他们用内心感觉来接受信息，用本能和半睁半闭的眼睛体验现实生活。只要不是着火或出现能吃的东西，你的热情度永远保持在最低值。
你做决定的方式	B	**莽撞**（Bold） 莽撞的猫做决定时冲动、草率，不计后果。与罗特韦尔犬对峙，或被困在内墙中的猫常常属于这类性格。	F	**胆小**（Fraidy-Cat） 胆小的猫总是迟疑不决、小心翼翼。他们常常待在自认为最安全的床底下，杞人忧天。他们做决定的基础是可感知的死亡或洗澡的威胁。胆小的猫腿部肌肉相当发达，能垂直跳跃三千五百英尺。

你如何对待外部世界	R	**叛逆（Rebel）** 叛逆的猫了解自我，了解生存需求，以及争取这种需求的最佳方法！他们喜欢开动脑筋，运用智慧。他们以在床单上撒尿相要挟，周围的人只得乖乖就范。	I	**顺从（Innocent）** 顺从的猫总是看见所有人的优点，即使他们被装在波音747的货柜里。他们要的只有关爱与偶尔的爱抚。他们天真的魅力为其赢得了他人的赞同。

说明：**请用爪子画出你想要的选项，回答以下问题或为句子填空。**

1. 我____________的时候，睡得最香。

   a. 与其他猫依偎在一起

   b. 孤枕独眠

   c. 呈大字形躺在床中间，把床伴挤到最远的角落

   d. 在某人脸上

2. 我在牛皮纸袋里玩耍是因为____________

   a. 主人不让我靠近刀具。

   b. 它就像我的私人天地。

   c. 如果我看不见你，你也看不见我。

   d. 我喜欢回音。

3. 以下这只猫____________

a. 请了一个刚入门的动物标本剥制师。

b. 身处困境，正与人对视。

c. 看到了死人。

d. 再找不到猫砂盆，他就憋不住了。

4. 我____________陌生人，因为____________

a. 容易相信；朋友永远多多益善。

b. 从不相信；我只知道，他们可能是爱狗一族。

5. 我相信____________

a. 总有一天我会抓住地板上神秘的红光点。

b. 我永远也抓不住神秘的红光点。

c. 只要团结协作，我们就能抓住神秘的红光点。

d. 神秘的红光点是撒旦的小助手。

6. 当有人爱抚我时，我的本能是____________

a. 将肚子转向他。

b. 将肚子转向他，当他想伸手触摸的时候，冷不防狠狠地咬他的手。

c. 咕噜咕噜大声叫。

d. 心想："敢摸我？怎么着，你想找死吗？"

7. 这只猫在想:____________

a. "哎，真是郁闷呀。"

b. "你把我精心收藏的虫子怎么了？！"

c. "在这上面能看到我的床。"

d. "我还以为超级胶水不粘毛。"

8. 我最爱的藏身地是____________

a. 洗衣篮里，嗯，臭臭的衣服！

b. 任何无人打扰、塞得下我加大号身材的僻静场所。

c. 原地。遇到危险，我容易受惊吓而呆住不动。

d. 克利夫兰市[①]。

9. 对于突发状况，我的情绪反应通常是____________

a. 可预测的。

b. 各种各样的。

c. 什么是情绪反应？

10. 如果主人身上有其他猫的气味，我会____________

a. 跳到吸尘器底下。我们的爱走到尽头了。

b. 谁在乎呀？我要吃饭。

11. 我____________在餐盘里睡着过。

a. 从未

b. 偶尔

c. 什么？那难道不是餐盘兼床铺吗？

---

① 克利夫兰市，位于美国中部，有“森林之市”之称。

12. 你喜欢以下哪张图片？

a.

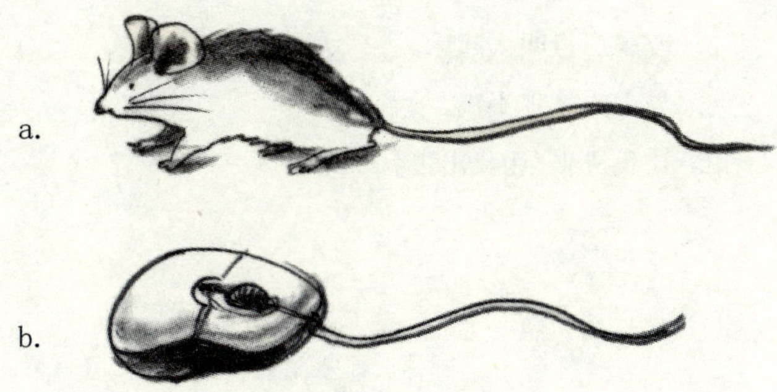

b.

13. 当我用爪子按摩主人的肚子时，我其实是在＿＿＿＿＿＿

a. 表达快乐的心情。

b. 寻找“自我毁灭”的按钮。

c. 假装揉面团、做烤饼。

d. 看看能否使某一内脏器官破裂。

14. 如果我怀疑面前这个人不喜欢猫，我会＿＿＿＿＿＿

a. 在他或她的私人物品上撒尿。

b. 无视他或她的存在，然后在其私人物品上撒尿。

c. 努力和他或她做朋友，然后在其私人物品上撒尿。

d. 坐得远远的，看着他或她，然后在其私人物品上撒尿。

15. 我最爱的游戏是______

a. 家具的装饰丝线能拉多长？

b. 凌晨三点叫人起床。

c. 与主人寸步不离。

d. 让我进来/让我出去。

16. 这只猫在想______

a. “没有收到安全指令，我决不出来。”

b. “再敢靠近一步，我就杀了你。”

c. “洗衣日，晕。”

d. “我会抓住你，还有你的小狗！”

17. 我对待性的看法是______

a. 保守。

b. 开放。

c. 三俗！

d. 不肯定。让我先蹲在床尾观察观察。

18. 填空：我们无所畏惧，除了____________

a. 隔壁兴奋过头的吉娃娃。

b. 指甲刀。

c. 一切，我们应该害怕一切。

d. 猫笼。

19. 对打碎东西的猫，我的建议是____________

a. “谁干的？我吗？”睁大眼睛扮无辜状。

b. 溜之大吉。

c. 把碎片撒在狗窝附近。

d. 咨询法律顾问。

20. 以下哪只猫刚刚因为主人的鞋而反胃？

a.

b.

21. 当我发现一只死虫子，我会____________

a. 拿它玩一场街头曲棍球比赛。

b. 向它猛扑过去，使它看起来像是我杀的。

c. 无视，我可是有原则的猫。

d. 加入床底“心爱之物”的收藏之中。

22. 兽医的存在是____________

a. 为了帮助我。

b. 为了伤害我。

c. 因为上帝在考验我。

d. 为了确立我的地位，我可是他们见过的最暴力的病人。

23. 选择最适合以下图片的标题。

a. 身为一只小猫，阿虎明白了在捕食前伸展身体的重要性。

b. 挠我肚子。快。

c. 是小鸟！是飞机！是超级猫！

d. 救命！我摔倒了，爬不起来。

24. 如果房内有东西被移动或更换了，我会____________

a. 没注意。

b. 立刻展开调查。

c. 嚷道："为什么？他们为什么这样对我？"

d. 这是凶兆。赶快打包，收拾行李。

说明：**慢慢地、悄悄地圈上最符合你的描述的数字。**

25. 如果蒂米[①]掉进井里

	1	2	3	4	5	
我会全力帮助莱西！						你的问题是什么？

26. 我喜欢嬉戏，待人友善

	1	2	3	4	5	
每时每刻						从不，离我远点

27. 我把小猫玩具收拾得整整齐齐

	1	2	3	4	5	
并非如此						不是我考虑的问题

① 出自影片《灵犬莱西》中牧羊犬莱西拯救落水小主人蒂米的情节。

28. 我将他人的需要放在首位

1　　2　　3　　4　　5

一贯如此 ———————— 他人有需要吗？

29. 我喜欢的朋友是

1　　2　　3　　4　　5

真实的 ———————— 肚里塞满了樟脑草，拥有厂家的保证书

30. 当从事一项重要任务时，我倾向于

1　　2　　3　　4　　5

胆战心惊 ———————— 睡大觉

31. 我对哲学辩题（例如“先有鸡，还是先有鸡肉味的猫食？”）

1　　2　　3　　4　　5

不太感兴趣 ———————— 为什么问这个问题？你有鸡肉味的猫食吗？

32. 我早早地叫醒主人，因为

1　　2　　3　　4　　5

我想念他们 ———————— 讨厌他们，存心捣乱

33. 刻有我名字的碗代表着

1　2　3　4　5

我备受宠爱 ———————— 我被羞辱了，尤其是粉红色的碗

34. 保持个人卫生花再多时间也是值得的。

1　2　3　4　5

正确 ———————— 非常正确

35. 嘶嘶声意味着

1　2　3　4　5

警告 ———————— 挑衅

36. 如果事不关己

1　2　3　4　5

对此表示尊重 ———————— 我无法想象怎么会有这种情况

得分

给1至24题的选项配上相应的分数，并填入下一页中的表格；将25至36题中的所圈数字直接对应填入同一张表格*。然后将每一栏的分数分别相加，即可得出你的性格类型。

1. a=2，b=4，c=3，d=1
2. a=4，b=3，c=1，d=2
3. a=1，b=3，c=4，d=2
4. a=1，b=2
5. a=3，b=2，c=1，d=4
6. a=2，b=3，c=1，d=4
7. a=1，b=2，c=3，d=4
8. a=3，b=2，c=1，d=4
9. a=1，b=2，c=3
10. a=2，b=1
11. a=1，b=2，c=3
12. a=2，b=1
13. a=1，b=4，c=2，d=3
14. a=1，b=2，c=4，d=3
15. a=1，b=4，c=3，d=2
16. a=1，b=3，c=2，d=4
17. a=1，b=2，c=4，d=3
18. a=4，b=3，c=1，d=2
19. a=2，b=1，c=4，d=3
20. a=1，b=2
21. a=2，b=3，c=4，d=1
22. a=1，b=2，c=3，d=4
23. a=2，b=3，c=4，d=1
24. a=3，b=4，c=2，d=1

* 对于不屑作答的题目，加5分。如果打算将这份试卷撕碎，只是瞪着菲利普教授（心想这人到底怎么了？），加50分。

A栏	B栏	C栏	D栏
1.	2.	3.	4.
5.	6.	7.	8.
9.	10.	11.	12.
13.	14.	15.	16.
17.	18.	19.	20.
21.	22.	23.	24.
25.	26.	27.	28.
29.	30.	31.	32.
33.	34.	35.	36.
A栏总分： _____ 孤僻型/合群型得分	B栏总分： _____ 活力型/懒惰型得分	C栏总分： _____ 莽撞型/胆小型得分	D栏总分： _____ 叛逆型/顺从型得分

评估结果——如果你在意的话

在性格类型表中找到自己的分数。例如，SEBI类型的猫得分如下：

SEBI类型

孤僻 12　　活力 32　　莽撞 26　　顺从 10

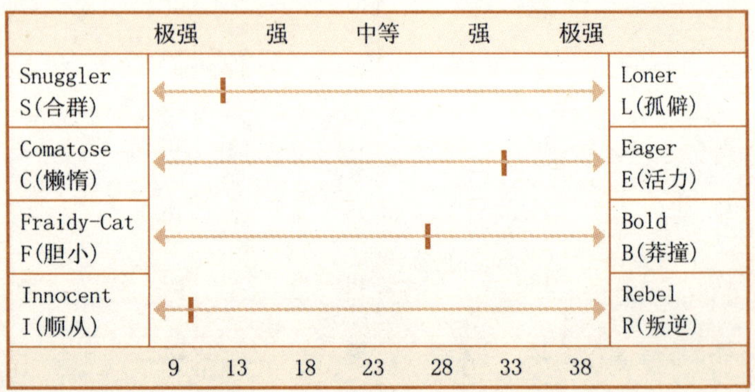

	极强　　强　　中等　　强　　极强	
Snuggler S(合群)		Loner L(孤僻)
Comatose C(懒惰)		Eager E(活力)
Fraidy-Cat F(胆小)		Bold B(莽撞)
Innocent I(顺从)		Rebel R(叛逆)
	9　13　18　23　28　33　38	

如你所见，该类型的猫其主导性格是顺从、合群倾向强烈、渴望与人接近。中等的恐惧与低水平的懒惰表明此猫最喜欢在内衣抽屉里打探，与狗玩摔跤。

标出你的得分情况：

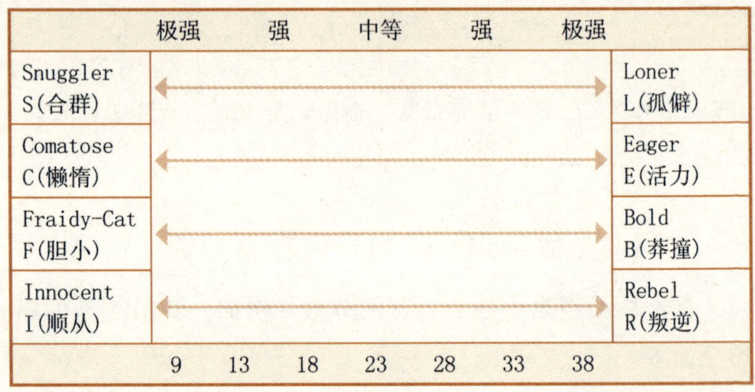

	极强　　强　　中等　　强　　极强	
Snuggler S(合群)		Loner L(孤僻)
Comatose C(懒惰)		Eager E(活力)
Fraidy-Cat F(胆小)		Bold B(莽撞)
Innocent I(顺从)		Rebel R(叛逆)
	9　13　18　23　28　33　38	

十六种性格类型

SCFR：养育者	LCBR：放荡不羁者	SEBI：探险者
SCFI：梦想者	LCBI：爱好科学者	SEFI：搞笑者
LCFR：思想者	SEBR：严守纪律者	LEBI：分析者
LCFI：浪漫主义者	SEFR：帮助者	LEFI：多愁善感者
SCBR：指引者	LEBR：传统主义者	
SCBI：引领风潮者	LEFR：强迫症患者	

十六种性格类型

分数反映出你的日常生活方式。如果你在“胆小”一项中得分较高，那么你对门铃、风、细高跟鞋的厌恶也就情有可原了。

由分数可得出每一种类型常见的态度和行为。为了阐明这一点，我们收集了每一种类型的猫对于“碗里是半满还是半空？”的回答。

SCFR/养育者：我希望所有的猫都有食可吃——不，等等！除了你之外！——等我先吃了再说。

SCFI/梦想者：如果我们把这儿的食物统统吃光，还会有更多的食物出现的。

LCFR/思想者：碗里半满或半空无关紧要。问题在于，我们为什么对味同嚼蜡的食物如此渴望？

LCFI/浪漫主义者：我的主人有多么宠爱我？让我数数他爱我的方式吧。一粒猫食——吧唧、吧唧。两粒猫食——吧唧、吧唧。三粒猫食——吧唧、吧唧。四粒猫食……

SCBR/指引者：我知道方向！大家都跟着我去找餐盘吧！

SCBI/引领风潮者：恶心！食物竟然和昨天一模一样。切换到逃避模式。

LCBR/放荡不羁者：嘿——有人敢向我挑战，去和狗抢食吗？

LCBI/爱好科学者：鉴于其中含有二氧化锰、硫酸铜、硬脂酸甘油酯，我必须要质疑所谓“食物”的合理性。我怀疑有人密谋毒死我们。

SEBR/严守纪律者：食物最好是美味可口，不然我要给人类一点颜色看看。

SEFR/帮助者：来，吃饭前我来分发餐具和湿巾。大家都洗手了吗？

LEBR/传统主义者：哼！我妈妈可不是这样为我准备食物的。

LEFR/强迫症患者：每粒猫粮必须不多不少地嚼二十一次才能吞下。幸运的是，我一次能含一百五十粒以上的猫粮。

SEBI/探险者：别管食物了！我画了一张寻宝图，上面有厨房、盆栽、装面包的抽屉。谁要和我一起踏上探险之旅？

SEFI/搞笑者：嘿！瞧我嘴里塞满了猫食。现在猜猜我是谁。河豚！看明白了吗？看明白了吗？

LEBI/分析者：一个小时过去了，我们对碗里是半满还是半空的回答全是不相干的。重要的是我们被留在这里等死。

LEFI/多愁善感者：盘中散落的食物的美触动了我的灵魂深处。或者我只需要使用猫砂盆？

第三章

猫性的弱点：如何赢得朋友与影响爱狗一族

成功学大师（或许也是爱猫人士）戴尔·卡内基曾经说过：“相信自己会成功，你就会成功。”我们说：“暗中给周围的人捣乱，你就会成功。”

这一章将带你经历一次自我发现之旅（放心吧，没有水），你会从中磨炼出源远流长的品质——例如屏声静气，鬼鬼祟祟，以及神不知鬼不觉地蜷缩在躺椅下的能力。这些品质促使前辈猫追逐名誉与财富。宣告自己对房内一切物品持有所有权，这有助于提高自信。通过设计方案来突显自己的与众不同，从过去的“宅猫”摇身一变成为“万人迷”。学会假装对他人的事感兴趣，做一个善于辞令、魅力四射的“万人迷”，但要无视一切别人对你说的话。最重要的是，赢得人类、狗及其他低等动物的赞同。

第一部分： 如何赢得朋友

现在你可能在自问：我想要朋友吗？友谊需要遵从古怪的规则。朋友之间应该彼此“分享”（这个词可定义为“在不被胁迫、捆绑，或未接受一次全部或局部脑白质切除术的

如何充分利用本章

- 看到关键内容，便将该页撕碎，以示着重强调。
- 在计划以后要复习的段落旁吐一个毛球。
- 在每一页上磨蹭，以留下你的气味，作为进度标识。
- 每次运用一条原则时——或者至少当每次你脑海里想到要运用一条原则时，奖励自己快速吸一口樟脑草。
- 在页边空白处，用小型生物记录下你的成功与胜利。
- 趴在书上打盹，希望在不知不觉中知识就钻进了大脑。

情况下，心甘情愿地让出一部分你的物品”）。这是猫普遍需要面对的一个问题。当二十世纪七十年代大吃特吃樟脑草的加菲猫出现在银幕上时，分享一词便烟消云散。自此，除了偶尔进行的土耳其舌头浴之外，猫拒绝分享。

当你需要有人给你后背挠痒痒，想找个枕头睡上一觉，或因客厅地毯上干掉的呕吐物被发现而要找人顶罪时，朋友就有了用武之地。鉴于诸如以上的种种理由，我们认为放松警惕，允许他人每天最多向你靠近十分钟是值得的。

如何结交朋友？我们推荐以下这些行之有效的策略：

尝试勒索。做一只强势的猫。学习如何操作傻瓜相机（你会感激我们的），拍下人类的把柄，然后进行威胁——如果不为你按摩背部与颈部至少一个小时的话，你就把这些照片上传到YouTube视频网站。

借花献佛。不管是一只死蛾子，一只沾满口水的老鼠，还是你反胃的午餐的残渣剩羹，一份用过的礼物——只要发自内心（或胃部）——都可以拿去套套近乎，博得欢心，从而顺利打开友谊之门。

敲敲头。经典的友好动作，也是告诉新朋友让路的好方法。

扮柔弱。当你在人类面前表现得柔弱、无精打采，他们会认为这是信任的迹象，而不会觉得你其实是想装死，希望他们离你远远的。

给予诚实回应。回应最好是在深夜，因为这时候，朋友朝你扔来羽毛枕头的准确性是最差的。

舔舔新朋友。虽然恶心，却屡试不爽。记得舔完后漱口、吐唾沫。

圈定你的领地。俗话说："篱笆筑得牢，邻居处得好"，因此领地分得清，朋友走得近。还犹豫什么，赶快重新谈判边界问题吧，用你的气味掩盖朋友的气味。

偶尔袭击。此类袭击纯属娱乐。这会使朋友焦虑不安、时刻担心被跟踪。（准备好傻瓜相机，你会拍到经典画面的。）

劫持“人”质。除非能饱餐火腿或金枪鱼，否则你就以在干净的衣物上打盹相要挟。

允许人类拍你的头。如果你允许人类拍拍你的头，他们会将你视为朋友；人类永远也不会想到自己已经上了欲杀之而后快的黑名单。

发出咕噜声。咕噜声是一种难以归类、态度暧昧的示好方式。与“阿洛哈[①]”相似，这是个多义词，既可以表示“你好”，也可以表示“我要宰了你”。

将人类的财物据为己有。将枕套、内衣或家犬拖到房中，再重重地坐在它们身上，宣布它们是你的了。所有权即时生效。

用肚子讨好。肚子的魅力无人能挡。除了疯狂的桃乐茜[②]阿姨，她总是在圣诞节出现，身上一股狗窝的味道。考虑到她对小型猎犬的喜爱程度，她离疯人院只有一步之遥了。

① 夏威夷人的传统问候语或分别时用语。

② 童话《绿野仙踪》的主人公，描写了桃乐茜和她的小狗一起历险的故事。

如何变身为广受欢迎、口才一流的万人迷

结交朋友还不够，现在你必须假装对他们的事感兴趣。说来容易做来难。当朋友喋喋不休、唠唠叨叨时，你必须保持清醒，摆出一副颇有兴致的表情。

幸好，在漫长的谈话中，你通常可以慢慢地眨眨眼，表示自己没有走神、没有发呆。然而，如果你希望游戏升级，以下是变身超级健谈者的小贴士：

发问。歪着脑袋，问道："喵？喵？喵？"问句越长，侧着脑袋的角度越大。（如果你听到骨头咔嚓一声，停！过火了。）玩玩这个游戏，看看自己要说多少遍"喵"，才能逼得你的新朋友开始求助于酗酒。

引入新话题。如果你发现了更加有趣的话题，例如窗台上有一只死虫子，或在自己的毛里发现一点大便，别害羞，大胆地打断谈话吧。

展现幽默感。不时地在谈话中转身，冲着对方的脸扭扭屁股。这是一招永不过时的聚会小伎俩。

展现合适的肢体语言。睁大眼睛直直地凝视，意为"你说的话太有趣了"；摇摇尾巴、耳朵软趴趴地垂下，意为"我不太喜欢这个话题"；躲在床下，意为"我宁愿和灰尘作战，也不愿听你那乏味无聊的故事"。

来点调味剂。乐意脱毛或吐出毛球，使对话得以继续。

保持好奇心。好奇心是真正的友谊的基础。调查那些看似与你无关的事，例如放药的橱柜、奇怪的体味。

第二部分： 如何影响爱狗一族

做好防备，因为有人竟然爱狗甚于爱猫。我们不知道上帝为什么不将这些不幸的人摧毁，但是他自有他的道理。与爱狗一族打交道的好处在于，他们都是一群智力低下、品位有待商榷的人。用不了多少时间，你就能让他们对你俯首称臣，将他们完全控制于猫爪之中。

影响爱狗一族（或所有人）的诀窍在于，将你的想法植入他们的脑袋中，并令其相信这是他们自己的想法。当人类决定喂猫、挠猫耳朵或突然想大吃金枪鱼三明治时，他们认为这是出于他们自身的需要与欲望。如果发现原来另有幕后操纵者时，他们会大吃一惊，惊骇不已。（小贴士：实现金枪鱼三明治的计策，只需夜里伏在人类耳畔，轻声说道：“金枪鱼、金枪鱼、金枪鱼、金枪鱼，不加蛋黄酱。金枪鱼、金枪鱼、金枪鱼……”）

爱狗一族或许会对你不以为然，心想：“只是一只猫而已。”是否让他们明白小猫也是有爪子的，决定权在你手中。事实上，赢得爱狗一族的注意力的最佳方法是用爪子抓他们，或者用更妙的招术——吃掉他们的金丝雀。狗主人不反对赤裸裸的暴力展示。为了达到目的，让他们看见你“悲伤的迹象”，包括被你咬掉“兔尾巴”的“兔子”拖鞋；你无意间在走廊上发现的纸巾；多亏了你，人类永远不需要再担心卧室的圈绒地毯了。

对于爱狗一族的适当行为给予奖赏，这是众所周知的行为矫正法。例如，当每次狗主人无视自己的狗，而对你关爱有加时，友好地用脑袋蹭蹭他们，搂住其脖子或大腿。当一

更多惊喜：六招使你从“宅猫”变身为“万人迷”

1. 魅力源自心态。对自己充满信心，感觉像吃了一袋樟脑草，其他人自然也会相信的。
2. 宅猫只会生闷气，而万人迷不开心的时候，却像弱不禁风的超模一样板着脸。对着镜子练习板脸，直至将愤怒、受伤、胡须微颤三者完美地融为一体。
3. 切勿将他人的需要置于第一位。如果你对此心怀内疚，那就立刻停止这种内疚感吧。
4. 甩掉自卑感。幸好只有在猫毛太长时，才会出现自卑感。在房间的各个角落里脱毛，你会惊讶地发现自己的信心指数暴涨。

旁的狗看得目瞪口呆时，以自己一身轻盈的猫毛一把搂住主人，在主人耳畔咕噜咕噜地叫：“呆傻狗哪有聪明猫好。”背着人类给狗拍一张“狗爪抓人”的照片。狗可没那么聪明，还以为你在夸他是最棒的呢。

这时，你的工作已经完成了。你可以邪恶地发出咕噜声，舔舔自己，开始“我碰了狗碰过的东西”的消毒过程。

5. 购买一副超炫的闪亮项圈。人造钻石能制造出魅力四射的效果。
6. 摆姿势。你能引领潮流。抬起一只脚，绷紧一只爪子，翻滚倒转。如果有一块柔软的白色阿富汗毛毯就更好了。好好炫耀一番吧，“猫步”可非浪得虚名。

第四章

谁动了我的老鼠？

有人胆敢侵犯你的物品？

这是一条神奇的复仇之路。

以下这则简短的寓言将使你大开眼界（严肃点——醒醒吧），并帮你找到应对改变、压力与狗的秘诀。

在这个故事里，胖猫最爱的玩具不见了，人人都有嫌疑！主人蒂姆与薇特，以及他们的两只狗达姆与布特，将全力以赴地帮助肥猫寻找老鼠先生。

当然了，老鼠先生是猫在生活中对愿望的一种比喻——比如，每顿都吃到肚子鼓鼓的，得到无条件的宠爱，在黑暗的房间里和棒球棍及自诩房间主人的傻傻沙鼠玩上十五分钟。猫只能在房间里寻找乐趣，主要是因为护猫心切的人类不让他们出去，然而，和肥猫一起踏上自我探索之路的狗朋友，就让他们自生自灭吧。

敬请欣赏这则教你如何胜人一筹的经典故事吧。

（适读人群：各年龄层的猫咪）

“不！”肥猫大叫道。袜子猴玩偶与樟脑草球中爆发出一个巨大的声音，回荡在房间里，肥猫在玩具箱里疯狂地翻找着。很快箱子就被翻得底朝天，肥猫把黑白相间的大脑袋凑到箱子边缘。“他不见了！”

“什么不见了？”达姆从樟脑草球里抬起鼻子问道。身为一只巴塞特猎犬，达姆什么东西都要闻一闻。

“说不定是肥猫不见了。”布特一边猜测，一边打滚，欣赏着肚子上柔顺的拉布拉多犬毛。

“肥猫怎么会不见呢？”达姆说道，“他就在那儿呢。”

“哦，没错，”布特说道，“嘿，什么时候吃早餐？”

“你们俩就不能闭嘴吗？”肥猫呵斥道。“我的老鼠先生不见了，你们俩都是头号嫌疑犯。你！达姆！快说，凌晨两点到四点这段时间你在哪儿？”

“肥猫，其实我叫弗瑞德。”达姆说道。

“别转移话题，”肥猫说道，“你和那个流口水的傻瓜把我的老鼠先生怎么了？”

“肥猫，我可没拿你的老鼠先生，”达姆无辜地说道，“上次我想闻闻他，你却把我的牛皮骨头扔进猫砂盆里去了，从那之后我压根就没碰过他。”

“听啊，”布特说道，“我听到脚步声了。早餐开始了！”

果然，两个人类站在了动物们的面前。他们是主人蒂姆与薇特。

“我的天啊，你把这儿弄得乱七八糟。”女主人薇特对肥猫说道，“你把玩具都翻出来做什么？”

“喵——喵——喵！”肥猫从玩具箱里跳出来。他决定让他们意识到丢失老鼠先生这件事的严重性。只见他后腿站立，前爪抓住薇特的睡袍，语带悲伤地“喵喵”直叫，暗示意味十足。

“把这里收拾干净吧。”说完，薇特把玩具一件件捡回到箱子里。

“她聋了吗？”肥猫诧异地问道，“我明明向她解释老鼠先生不见了。她为什么不报警呢？特警队出发了吗？”

“我喜欢突击，”布特说道，“我可是个突击能手。”

“如果你能突击学点常识，也许还有点用处。看来我只好独自破案了。不过记住我的话，”肥猫停下来用头蹭了蹭最近的门框，“我会找到老鼠先生的，不管是谁干的，他一定会追悔莫及！”

说完，肥猫本想哈哈大笑，结果却发出了咳嗽的声音，开始例行晨间吐毛球。他踏上了寻找之旅，什么也阻挡不了他的步伐，除了为恢复体力而在最爱的阳光下美美地睡上两个小时。

开始寻找之旅

当天上午晚些时候，所有宠物在玩具室里召开了一次强制性会议，寻找老鼠先生的旅程就此开始。肥猫要求在楼上展开全面搜索。他指挥狗在每个角落、每个裂缝里仔细寻找，不放过任何一个抽屉或一块地毯。“快去找老鼠先生，”肥猫发号施令道，“不准被食物分心，不准玩你的尾巴。一心一意地找，完成任务后马上向我报告。”

“我们辛苦地寻找老鼠先生，那你做什么呢？”布特问道，一口咬住一片飘浮的棉绒。

肥猫瞥了他一眼。“你以为寻找与拯救的行动计划是从天上掉下来的吗？”他问道，“我得研究地图，进行逻辑策划，租用紧急救护直升机，等待红十字会回电，组织捐血。”

“等等——老鼠先生不是棉花做的吗？”达姆不解地问道。

“血是给你们俩的。如果你们找不到老鼠先生，我会让你们流血。”肥猫竖起尾巴说道，“还不快去找！”

达姆与布特一溜烟地跑上楼，钻进了客房。达姆彻底搜寻四个角落，布特跳上床，与枕头较上了劲，因为他踩上去的时候，枕头似乎在动。达姆闻闻衣柜，布特检查窗帘背后。最后，他们注意到敞开的壁橱门，往里嗅了嗅一条抹胸裙、一条氨纶裤子、一套散发着霉烂果糕气味的褪色圣诞老人装。经过二十分钟的寻找，他们确认老鼠先生不在附近。

就在两只狗搜寻时，肥猫盯着窗外，心里惦记着老鼠先生。老鼠先生虽然话不多，却是一位优秀的倾听者，在争辩中总是支持肥猫。这样的好朋友可遇不可求。肥猫暗暗祈祷老鼠先生平安无事，不管他身在何方，希望有人每天能舔舔他，维持清洁工作。当狗一头冲进房间时，肥猫转身离开了窗边。

“结果如何？”肥猫问道。

“抱歉，肥猫，”达姆答道，“没有发现老鼠先生的踪影。但是我们发现主人不如我们想象中的那么时髦。”

“继续找，”肥猫说道，“不抓住并杀死偷走老鼠先生的罪魁祸首，我决不罢休——但我得先用球棒狠狠打他一顿，让他以为有机可逃，再趁其不备猛扑过去，再……”说到这儿，他停下闻了闻，接着说道，“布特，你去哪儿打滚了？怎么一股霉烂果糕的味道。”

布特困窘地溜到沙发下，把身上沾到的圣诞老人装的红色和白色的纤维一一摘掉。

“对了，”肥猫又开口说道，“我在等你们时，发现了一点东西。”

“哦，你是不是发现了你屁股上的便便？”布特边说边在沙发后探头探脑。“我早就想说了，就是不知道该如何开口。”

肥猫向他投去杀伤力十足的眼神。“不是，我一直都知道便便的事。我发现老鼠先生让我产生了被爱的感觉。”

达姆止住了舔前爪的动作，抬头看了看，一脸诧异。肥猫通常可不会说这样的话。

“既然老鼠先生让我感觉被爱，显而易见，爱是外在的，”肥猫若有所思地说道，“因此，爱肯定来自能够用金钱买到的东西。”

“嗯，这话好像不对。”达姆说道。

“你让我好好想想，小子，”肥猫说道，“我会把我知道的写在地板上，等你有空的时候思考一下吧。”

说完，肥猫拿过一截粉笔，写道：

拥有得越多，
得到的爱越多。

“天啊，好深奥呀，”布特从沙发底下伸出脑袋，“我现在就去数数我的玩具，看看我得到的爱有多深。祝我好运吧！”说完一溜烟地跑了。

继续寻找

午餐之后，他们继续寻找老鼠先生。这时肥猫的担忧加深了。他派两只狗去主人卧房、卫生间、家庭活动室、厨房里寻找。达姆与布特一次又一次地无功而返，肥猫的心情越来越沉重、越来越绝望。不久他的忧郁便引起了房子主人的注意。

“怎么闷闷不乐的呀？”薇特轻抚肥猫，问道。肥猫长叹一声，还是呆呆地望着窗外。外面淅淅沥沥的小雨正是他此刻心情的最佳写照。

“我知道怎么让猫开心起来。”薇特说道。她走进厨房，不一会儿回来了，手里拿着一条美味的三文鱼——肥猫最爱的零食。她把鱼放到肥猫的鼻子下晃了晃。

肥猫心想：“我可没心情吃鱼。”可是当三文鱼散发出阵阵香味时，他又转念一想：“不过嘛……我得保持体力，不然怎么去找老鼠先生呢。他也想让我补充体力的。”

薇特看肥猫没了往常的好胃口，也不像平时一样不由自主地咂嘴。“怎么回事？”她问道，“我们一起来玩老鼠先生吧，你最喜欢他了。”

听到有人说起朋友的名字，肥猫精神一振。他一下子从窗台上跳下来，跟着薇特在屋里穿梭，当薇特寻找老鼠先生时，他就在她脚边急切地叫着。

“真奇怪，”薇特走进书房对蒂姆说道，肥猫紧随其后。“肥猫的老鼠先生玩具不见了。他通常都和老鼠先生寸步不离的。”听到这话，肥猫突然明白了什么，飞快地跑进玩具室，拿起粉笔，写道：

当你放开心爱之物，
厄运即会降临。

“这是什么？”走进房间的达姆和布特问道。两只狗气喘吁吁地趴在地上，一天的搜寻工作令他们疲惫不堪。

“这是我的最新心得，”肥猫说道，“我发现自己应该随时掌握老鼠先生的行踪，但是我却没有，瞧，这就是下场。他消失了！”

肥猫马上调整了情绪，快速地舔了舔胸前的毛，继续说道：“如果说今天我学到了什么，那就是：千万不能让心爱之物离开你的视线。”

布特站起来。“失陪了，”他含糊不清地说道，“我要去找窸窣作响的报纸单挑了。”说完便悄悄地走出了房间。

达姆打了个滚，看着肥猫，说："我常听说如果你爱某样东西，你就应该给他自由。"

"没错，没错。如果他再不回来，那就去找他，将他吃进肚子里。"肥猫说道，"我们对这些经典语录都再熟悉不过了。放轻松就好。"

达姆听从肥猫的话，几分钟后便响起鼾声。

午夜沉思

肥猫决定不能重蹈覆辙。当天夜里，他小心翼翼地整理所有的玩具，并把它们分为三类。第一类是自己最珍爱的物品，例如梳子、猫隧道[①]，以及几年来从狗那儿偷来的所有玩具。第二类是喜欢却常常忘记的物品，例如樟脑草垫、节日主题的鸟类收藏（斑鸠、山鹑……）。至于第三类物品，每当肥猫看见它们，就有想揍送礼人的冲动。例如，难道有人觉得他会喜欢棕色电动大老鼠吗？蒂姆与薇特第一次打开这个怪物时，肥猫一头钻到了床底下，险些伤到头部。

晚餐后，达姆和布特回到玩具室。一迈进门，他们就察觉到有事将要发生。肥猫突然从门后跳出来，"砰"的一下关上了门。

"可恶，肥猫，"达姆说道，"你明明知道我们谁也不会拧门把手。现在好了，大家都被困在这儿了。"

---

① 一种宠物玩具。

一时冲动的肥猫只好摆出若无其事的样子。他让两只狗看看自己的整理成果。

“瞧见了吗？”他指着前两类物品，“这些统统都是我的，不是你们的，是我的。不许碰。”

他又站在第三堆玩具面前：“看到了吗？这些玩具我不喜欢，永远也不会玩。”

听到这话，布特的尾巴拍打起地板。和棕色大老鼠玩耍是他几年来梦寐以求的事。

肥猫咧嘴一笑，似乎对布特的想法了然于心。“我不要，也不喜欢它们，不过你们还是不准碰。为什么？因为它们全是我的。听懂了吗？”

失望的布特只好点点头，肥猫则洋洋得意地发起咕噜声。

“肥猫，这是什么？”达姆在地上发现了一行新的粉笔字，他大声读道：

威胁能够阻止他人
弄坏你的物品。

“哦，好家伙。”达姆轻轻地摇摇头，向布特站的地方走去，他下巴上的肉左右晃动。

“哼，这是我的地盘。后退！”布特说道。他停下来看着肥猫，“这样的威胁够了吗？”

肥猫点点头：“干得不错。你们变得情绪激动也不难嘛。”

“肥猫，闭嘴！”达姆大吼一声。“你实在是大错特错。即使发脾气、威胁人类、收藏玩具也找不回老鼠先生。什么也不能让你感觉被爱。”

布特也停止了怒吼，抬头看了看。“好的，等等，”他说道，“现在我有点糊涂了。”

这时只听见喀哒声，门开了。心怀感激的达姆冲出房间，糊涂的布特紧随其后。蒂姆与薇特走了进来，薇特双手背在身后，似乎藏着什么东西。

“嘿，宝贝，”她对肥猫说道，“快看我们给你买了什么。”说着她从盒子里拿出一个崭新的老鼠先生，放在肥猫的脚边。“快看呀！是老鼠先生！”她大呼，开心地拍拍手。

“怎么样，伙计？”蒂姆抓了抓肥猫耳后的毛，“这样感觉好些了吧？”说完他们走出了房间。

肥猫小心翼翼地凑近闻了闻。新的老鼠先生有一股纸板和化学物的味道，与之前老鼠先生那股熟悉的琴柱草、猫毛、反刍食物的味道完全不同。

肥猫轻轻地拍了拍新老鼠先生，却被老鼠先生发出的吱吱声吓得跳出老远。

“这是怎么回事……”肥猫纳闷了，“以前的老鼠先生可不会说话，只会乖乖地聆听。我一点儿也不喜欢这个，不过我还是应该给这新来的家伙一个机会。”

按照以前的习惯，肥猫直接躺在老鼠先生身上，想打个盹。但是不管他怎么转身，始终找不到一个舒服的位置。此外，屁股下面的吱吱声让他神经紧张。

“以前的老鼠先生什么都好，”他心想，“这个新来的家伙却糟透了！”愤怒的肥猫举起球棒，将新老鼠先生打到了房间的另一边。他拿起粉笔，写下新的体会：

改变真是糟糕。
替代物无法接受。

夜幕降临，肥猫在玩具室的角落里蜷缩成一团，感觉既悲伤又孤单。他想，蒂姆和薇特是否已经睡了呢。脑海中浮现出昔日自己和老鼠先生喜欢蜷曲在蒂姆和薇特的床尾沉沉入睡的情景，肥猫忍不住微微一笑。有时薇特会故意把老鼠先生放在肥猫的背上，假装老鼠先生在为肥猫梳毛，每一次都能让他与老鼠先生开怀大笑。想到这里，肥猫不禁眼中含泪。

肥猫悄悄穿过房间，找到新的老鼠先生。

“我喜欢自己睡。”他告诉老鼠，“不过这是你来新家的第一个晚上，所以我今晚和你一起睡。你可别养成习惯啊。”

说完，他和新老鼠先生蜷曲在一起，很快进入了甜美的梦乡。

新的一天

第二天，达姆与布特轻轻推开玩具室的大门。他们首先发现了老鼠先生，他正和肥猫一起在东面的窗户上晒太阳。

“肥猫，你找到老鼠先生了！”布特惊呼，兴奋地摇着大尾巴。

拥有敏锐嗅觉的达姆却发现了不同之处。“这是新的老鼠先生。”他说道，抬眼看着肥猫，“这只新的还好吧？”

肥猫耸了耸肩。“只能说我昨晚又有了些新见解。”他说道。

“啊，不是吧。”达姆说道。

“哦，太好了！”布特欢呼，“我受益匪浅。快告诉我们吧。”

“首先还是复习一遍。”肥猫指着地板上的字迹。“这是我们昨天学到的。”

拥有得越多，
得到的需越多。

当你放开心爱之物，
厄运即会降临。

威吓能阻止他人
弄坏你的物品。

改变真是糟糕。
替代物无法接受。
（除非你能将他们舔到服从。）

“你把最后一条改了？”布特问道。

“我昨天深夜修改的。”肥猫舔了舔前腿，“改得太妙了。”

“你开玩笑吧？”达姆问道，“这只会让我吓得毛都竖起来。”

肥猫闻了闻，“回顾这些话以后，我想清楚了：虽然我将永远爱着以前的老鼠先生，但是如果我愿意，我的生命中还是有空间可以接纳新事物。”

达姆听得愣住了。“说得太好了，肥猫，”他说道，“人类要花一辈子的时间才能明白生命中一切事物来去皆有因，才能鼓起勇气在心里接纳意料之外的新事物，殊不知这些事物能使个人得到全新的发展，取得全新的成就。”

“你嘀嘀咕咕地在说什么废话？”肥猫说道，“我再重复一遍，免得反应迟缓的学生跟不上……”他犀利的目光投向达姆，“我喜欢人们给我买新东西。就是这样。”

“这就是你学到的吗？”达姆问道，“只要人们给你买东西，改变就是好的？”

“差不多吧。”肥猫又舔了舔新老鼠先生。

“我明白了。”布特主动说道。

“感谢上帝，总算有个明白的了，”达姆说道，“说说看，你明白什么了？”

“我明白了，圣诞老人装有一股果糕味道；还明白了千万不能弄坏肥猫的玩具。”

“非常好，布特，”肥猫说道，“希望你也能明白，你应该远离我的饭碗。”

“之前的二十四个小时里，你的碗里什么也没有！”达姆大喊道。

“我知道。所以我现在才告诉你。”肥猫说道，“你敢碰一下，后果请自负。”

“喔，我感觉我已经变聪明了。”布特说道。

在玩具室一角的柜子后面，一双闪亮的黑眼睛正静悄悄地观察着争吵的动物们。以前的老鼠先生牢牢地卡在黑暗的墙角里。为了摆脱邪恶肥猫的魔爪，老鼠先生花了整整几个月的时间策划逃生大计。如果肥猫不再用舌头给自己洗澡，他的逃离还为时过早。对于取而代之的新同志，他深表同情，却不敢冒险帮他。执行“不被察觉地溜出房间”行动会耗尽他所有的力气。

整整一天，老鼠先生观察着房间里的一举一动，心想肥猫有一点说对了：改变是可怕的。不过或许有一天改变会对他有利。或许会有一位老鼠太太从天而降，或许更棒，会出现一块上好的奶酪。在那之前，他会带着樟脑草耐心等待，等待迈向自由未来的最佳时机。

第五章

别为小事抓狂……
不过尽管如此
突然或毫无预警
的动作发脾气

生活中的小事——消化了一半的毛团、重播动物星球频道的节目、无关痛痒的抓挠——常常会使猫心生忧郁，潸然泪下。但是当你来到庭院，打算在狗最爱的玩具旁边埋葬对美好未来的憧憬时，请先停一停。其实，每天做一点小小的改变，生活质量就会逐渐得到提高。试试以下简单的诀窍，例如“早起——强迫他人跟你一起早起”，或者“微笑着直视陌生人的眼睛（别眨眼，直至你用眼神战胜他们）”。以下二十条有助于冷静的诀窍可使最活泼的猫感到安静和满足，并以积极的生活态度面对世界。

1.
多做毫无目的的善事

经常做一些小小的、毫无目的的善事可保持头脑清醒，使你对生活中的种种美好心存感激。什么是毫无目的的善事？尝尝罐头狗食；在下雨天藏起祖母的纺线；晚上大喇喇地霸占床中央，使主人只好缩在一角。所有善待自己的行为都能使你减压，提醒他人你的重要性。

2.
不平之事在所难免——别太计较

生活原本就是不公平的，这个事实却令你难以接受（一点点羊奶或沙丁鱼或许会有所帮助）。不过我们迟早要看着镜子里的自己，面对同样冷静的事实：我们是猫。我们是了不起的猫。欣然接受这个观点，享受绝对的优越感。只有当你相信这个普遍的事实，你才能让他人相信。

3.
改变观察角度：一年后这还重要吗？

我们经常对“坏猫的恶劣行为”心怀内疚。为了战胜这种负面的自我，停下来自问：“一年后这还重要吗？”假如你在客厅的地毯上找不到喜欢的位置，于是索性将饼干（或猫食）扔在崭新的白色床单上。反正一年后，床单可能会变成沾满猫毛的碎布条，因此你的行为真的构成了伤害吗？不，释怀吧，向前看吧。

4.
每天至少告诉一个人你对他或她的喜爱、钦佩、欣赏之情

发现并承认他人身上的优点，能够使你马上发现并认同自

身的优点。发自肺腑地赞扬，你会因人类的感激之情而心满意足。以下是一些简单的赞美之词：

- “每天清早我只要在你脸上稍微走几步路，你就会给我喂食，我真是太感激你了。”
- “你这件被扯出无数线头的毛衣真是太美了。”
- “谢谢你毫无怨言地收拾我的粪便。我可从不会屈尊纡贵地做这样的事。”

别担心人类会因为你不吝夸奖而尴尬不已。通常你的赞美会让他们热泪盈眶。

5.
微笑着直视陌生人的眼睛
（别眨眼，直至你用眼神战胜他们）

当门铃大作，或门廊里响起陌生人的脚步声时，自信十足的猫不会嗖的一下钻进床底。相反，他们会在房间里来回踱步，要求得到应有的关注。欢迎新朋友（其实你并不关心）时，直接站在他面前，直视他，千万不能眨眼，直至他对你的目光招架不住，眼神局促不安地闪躲，或开始大哭。这时，在他的裤腿上蹭蹭脸，以此向他宣告，他所有的一切都是你的永久财产。

6.
切莫指手画脚地责备

切莫指手画脚地责备——你自己。一般来说，如果出了问题，你永远都要把罪责扣在别人头上。让你陷进麻烦又有什么好处呢？被驱逐至车库，那简直生不如死。比如，你将非洲紫罗兰扔得到处都是。（错不在你。是非洲紫罗兰挑起的。）为了避免因这个烂摊子而遭到质问，在非洲紫罗兰的叶子上涂上花生酱，把狗叫进房间，剩下的事就顺其自然吧。然后，为帮助狗得到了自我成长而表扬一下自己吧。毕竟，生活就是在挑战中不断地学习。

7.
早起——强迫他人和你一起早起

迎接每一天的最佳方法是早早地起床，冥想片刻，欣赏日出，思考你的出现为他人带来的种种好运。然后兴冲冲地追逐铃铛球，凝视小鸟，慵懒地享受阳光，将早晨视为私人专属时间。凌晨三四点起床的计划合情合理。当然，迎接新的一天不能没有新鲜食物与水。因此养成习惯，每天早上重重地踩在你爱的人的膀胱上，直至他们从床上费力地爬起来，给你提供你所需的营养。他们或许很想继续蒙头大睡，不过你可以想出对策，抢在他们之前一溜烟地跳上床，蜷缩在留有余温的被子里。你完全可以在床上开始清晨冥想。他们会感谢你唤醒了他们一天的开始。

8.
写下五条最坚定的想法，看看能否稍作修改

“所有的狗都是傻瓜。”“真空吸尘器可恶透顶。”“松鼠真难缠。”“金枪鱼罐头的开罐声能与莫扎特的音乐相媲美。”“只有作为医用，我才会对樟脑草上瘾。”

生活中我们总有各种各样先入为主的观念。审视，甚至反思根深蒂固的想法，是内心启迪的一种信号。因此将“所有的狗都是傻瓜”的观念改成“大多数狗或许都是傻瓜”，留出一丝可能

性。也许在遥远的将来，你会遇见一条并非愚蠢到家的狗。同样地，重新思考“所有纱窗门都适合攀爬”的说法，把它改成——好吧，这是铁一般的事实，但至少你明白了我的意思。

9.
树立环保意识

你知道有多少用完的卷筒纸被白白扔掉吗？人类难道没有想象力或惊奇感吗？为了帮助人类正视地球的价值，将垃圾分散地撒在院中，向人类展示：比如，一个简单的纸袋如何变成一座堡垒、一件隐形斗篷，或狗最爱的骨头的藏匿处。

10.
培育一株植物

挑选一株植物，倾注无私的爱。每天关注它，爱抚它，用一切办法给它浇水。像在猫砂盆里寻找最佳位置一样为它松土。虽然你心里痒痒的，但一定要管住自己的嘴巴——**喂，别咬植物。快吐出来，快点。**植物象征着对内心平静的渴望与追求——**我看见了。你是故意打翻的，对吧？**——追寻内心平静——**嘿！快放下。我们不能咬自己心爱的东西。**我看这样吧，别管那盆植物了，还是另找一个可爱的、会吱吱作响的玩具，用心照顾它吧。

11.
拒绝取回

“取回”是一个古老的希腊词语，意为“傻傻地跟在一个看似活物的东西后面跑——然后掉头按原路返回”。猫不说希腊语，因此猫的词典里没有这个词。人类却依然在走廊上抛铃铛球，或在我们面前挥舞樟脑草味的老鼠玩偶。记住，你不用勉强自己做不想做的事。放轻松。摆出一副意兴阑珊的模样，扭过头去，装作没看见人类对你所提出的无力要求。取回？拜托，老鼠玩偶又不会自己长脚跑掉。

12.
少管闲事
（除非事物有所变化，
此时立刻展开调查）

做一只事不关己、高高挂起的猫实在很难，因为生活中的一切都与你有关。因此你时刻观察着房间、院子、厨房、鱼缸上的网筛，哪怕最细微的一丝变化也逃不过你的眼睛。别害羞得不敢爬进水槽里，不敢钻进床座弹簧里探险，不敢跳上冰箱侦察最新的爆炸性新闻。此外，特别关注留宿的客人，他们可能会带来讨厌的变化。你需要秘密地潜入他们的行李箱中，不放过蛛丝马迹，如果他们的衣物都在箱子里，那就再好不过了。一旦你慢慢爬过、闻过、舔过、抓过、战胜过被带来或被移动过的一切物品，你便可以倨傲地保持距离，重新关注自己的事。

13.
打消“越多越好”的想法

接受“越多即是最好！”的想法。越多的猫食！越多的玩具！盒子里越多的粪便！拥有越多，你就越快乐。深夜的广告宣传片不会撒谎。拥有一整间屋子的完好的猫玩具，并非意味着你应该将能发出老鼠般吱吱声的最新香味刮刮卡拒之门外。拥有最多宠物超市玩具的猫才能笑到最后，你肯定不会让街头傻乎乎的暹罗猫向你炫耀他的财产吧。将一切物品储存起来，希望可以借此打通你进入猫之天堂的道路。

14.
反复自言自语：“生活中没有紧急状况”

事实上，所有的猫似乎都实践着这一点。继续坚持吧。

15.
心存疑虑时，寻找追逐的目标

如果你感觉焦虑不安，快速确定一个固定的物体，例如鞋带、狗或尘螨，向其猛冲过去。跟踪、突袭对方——如果它胆敢反击——沿着走廊捉住它，再狠狠加以重击。

16.
练习置身于“暴风眼”之中

暴风眼是飓风或台风的中心无风区。你梦寐以求地希望自己成为混乱中心的平静点。当然，这意味着你必须首先挑起混乱。试着打碎花瓶，从长软椅下快速钻出来，出其不意地向狗扑去，或以地球自转的反方向转圈，以此改变地球的运转轨道。一旦制造了混乱，飞奔至你最爱的晒太阳的位置，躺倒在地，开始沉思参禅。如果主人走过来质问圣诞树倒地时你在哪里，睁开困乏的双眼，对他说：“啊？你说什么呀？我一整天都待在这儿呢。”

17.
愿意向朋友、家人及猫科动物学习

你生命中所有生物的存在是因为他们要教会你一些事情。例如，观察笼子里喳喳直叫、高声欢唱的鹦鹉时，你可以从他身上学习勇敢，学习以积极的心态面对即将到来的厄运。（对你而言，弄清楚如何在瓷器柜与鸟笼之间架设桥梁只是时间问题。）狗了解如何轻轻推开装着奶味骨头的橱柜门。即使从笨狗身上，你也能够学会耐心等候，等到四下无人时再行动的道理。生活在于保持开放的头脑——或至少保持开放的爪子。

18.
坚持与恨猫一族做朋友

如果你身上“恨猫一族”的雷达探测仪嘟嘟作响，提醒你有讨厌猫的人靠近，那么立刻朝这个可怜人飞奔过去，跳上他或她的大腿，将毛尽可能多地蹭在衣服上。（因为一旦他们与你相像，便会不得不喜欢你。）你也可以试图为此人按摩，让他或她服从。如果对方将你一把推开，那么你就像兀鹫一样站在该座位的扶手上，瞪着此人的脖子。你的魅力无人可挡。很快你便会瓦解对方的防备，使其拜倒在你的猫爪之下。

19.
在世界上留下你的足迹

凡所到之处，统统留下你的气味。宣称对沙发、门框、枕头、留宿的客人等一切东西的所有权，谨防与他人分享。一旦你偶尔允许人类躺在床上或沙发上，他们的味道就会留在上面，自以为是地将此处占为己有。

20.
向人类的不完美妥协

面对事实吧：人类难免犯错。如果你试图以猫的标准来约束人类，结果只会适得其反。你也见识了他们在清晨喝第一杯咖啡前的德行——他们也只能求助于咖啡了。将他们视为可爱、善良、无知的生物，爱他们，他们会投桃报李的。

第六章

好猫求职记

我们不明白为什么人类执意待在一个叫做“无聊[①]会议室”的地方，花费大量的时间来对付只用几分钟就能解决的问题，不过幻灯片的激光、残酷激烈的竞争、有关老鼠种族的流言倒是能给我不少启发。为了一探究竟人类到底在做什么（以此证明“他们基本没做什么”的假设），全国的猫涌入美国商界，以删除键为床，用尺寸可观的毛团阻塞打印机，撕碎一切惹怒他们的备忘录。

猫具备商业头脑，不管这颗脑袋是他们自己的，还是来自他们的手下败将，后者被扔在吸烟室入口，当作备用。他们很享受插手他人的生意。这使他们成为完美的商业间谍、人力资源部专员、中层管理者，不仅要小心提防老板，还要时刻关注下属，确保工作得以完成。

如果你想与对手一争高低，将其视为一只浑身沾满樟脑草的花栗鼠，认为自己能轻易对付，那么你需要改进计策，让人类了解你严肃认真的态度。换言之，绝对不能让他们看出你的胡须在微微颤抖。在以下列表中勾选，判断你需要增强何种领域的技能，方能开启CEO（Cats Expecting Obedience，期待服从的猫）的大门。舔一遍，可视为全选。

① “无聊（bored）”与“董事会（board）”的发音相同。

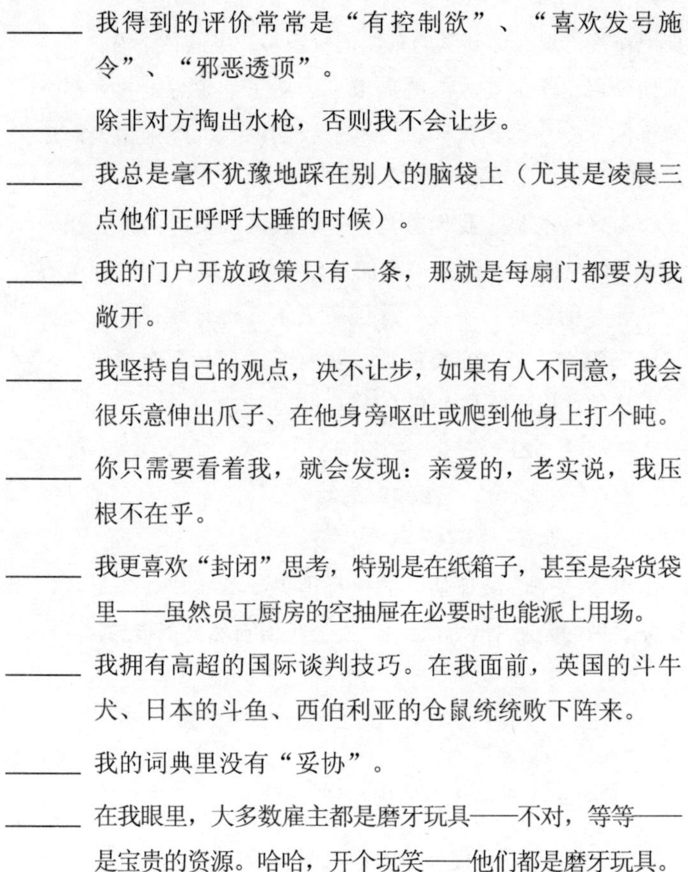

______ 我得到的评价常常是“有控制欲”、“喜欢发号施令”、“邪恶透顶”。

______ 除非对方掏出水枪，否则我不会让步。

______ 我总是毫不犹豫地踩在别人的脑袋上（尤其是凌晨三点他们正呼呼大睡的时候）。

______ 我的门户开放政策只有一条，那就是每扇门都要为我敞开。

______ 我坚持自己的观点，决不让步，如果有人不同意，我会很乐意伸出爪子、在他身旁呕吐或爬到他身上打个盹。

______ 你只需要看着我，就会发现：亲爱的，老实说，我压根不在乎。

______ 我更喜欢“封闭”思考，特别是在纸箱子，甚至是杂货袋里——虽然员工厨房的空抽屉在必要时也能派上用场。

______ 我拥有高超的国际谈判技巧。在我面前，英国的斗牛犬、日本的斗鱼、西伯利亚的仓鼠统统败下阵来。

______ 我的词典里没有“妥协”。

______ 在我眼里，大多数雇主都是磨牙玩具——不对，等等——是宝贵的资源。哈哈，开个玩笑——他们都是磨牙玩具。

如果你看着这张列表，立刻蹲在上面拉便便，然后把贵宾犬叫进来，吩咐他清理干净，那么恭喜你——你不仅是一只优秀的猫，而且我们已没有什么可教你的了。如果你认认真真地作答，那么你要学的东西还有很多。继续往下看。

如今再也不能在人类的需求下生活了。想想每天你都听到怎样的命令：远离打印机，别在我的西装上蹭来蹭去，把橡皮擦吐出来，不准跳到我头上来……

作为优秀的猫，我们总是牺牲自我（浪费一两条完美好命[①]），取悦他人，遵守与猫的生活方式、脾气秉性、美容养生法相悖的规矩。不能再这样下去了。砸碎象征驯服的枷锁，回归天性，“有必要的话，我将吃掉你和整个村庄”。从今天开始，提醒所有人谁才是这儿真正的主人。

自我评估

用以下三个等级评估你的执行能力。诚实作答。记住，你所需要做的是咕噜咕噜地叫，人类听了自然会提拔你。

1 ＝ 不准确　2 ＝ 有时准确　3 ＝ 非常准确

1. 只有柔弱小猫才会循规蹈矩。______
2. 愿意的话，我能让所有的人爱抚我。______
3. 我对在任何一天中清醒的二十到三十分钟内能够取得的成就有着现实的认识。______

---

① 此处是拿俗语“猫有九命”开玩笑。

4. 人类对我在净利润额上所作的贡献评价甚高——大多数时候是因为我能够伸出舌头舔到它[①]。______

5. 即使情势所迫，我也不担心自己会“心理失常”。______

6. 我愿意接受责备，尽管我没有任何过错。______

7. 我心怀怨恨的时间比口含老鼠的时间更长。______

8. 我擅长唤起自我注意力，就像这样：喵呜……喵呜……喵呜……喵呜。______

9. 请求许可不如乞求原谅。______

10. 请求许可与祈求原谅是懦夫的行为。______

11. 我能够跳上会议桌，轻松悠闲、若无其事地踩在每个人的文件上，控制全场的气氛。______

12. 公文包是用来给我钻进去睡觉的（或者当专用卫生间正在被打扫时，当作急用）。______

13. 如果我不喜欢某人说话，在他仍然滔滔不绝时，我会转身离开。______

14. 如果我觉得有人在浪费我的时间，我会躺在他的脚上装死。______

---

① 表示“净利润额”的bottom line中的bottom有“臀部”之意，而表示“舔”的lick有“战胜”之意，此处为双关。

15. 我偷取人类的想法，以及愚蠢的他们随手乱扔的任何东西。______

16. 除非听到开罐器的声音，我才会跟人对峙，用目光逼视他，令他招架不住。______

17. 我每天清醒的时候就会将时间花在——zzzzzzzz——哼？怎么了？______

18. 实时沟通的最佳定义是我在某人脸上摇尾巴。______

19. 如果无意中冒犯了别人，我完全不担心，因为这或许不会对我的生活造成严重的影响。______

20. 我不害怕提出加薪要求——或请求人类帮忙把我从猫爬架上抱下来。______

21. 我的个人卫生习惯无懈可击。______

22. “兜圈子”指的是我绕着别人的腿转圈圈。______

23. 加薪应该以谁身上的味道最像金枪鱼为准。______

24. 因为看见我偶尔在走廊里跑来跑去，好像火烧尾巴似的，从而质疑我的智商，我会将这样的人统统开除。（天啊，没有真的着火吧？）______

25. 我的肚子不能摸。正如玻璃背后的香烟一样，其存在是为了诱惑你，除非事出紧急，否则严禁触摸。______

得分

你是否一无所获？关于测试，我们对你是怎么说的？笨猫！不过，既然你乖乖地完成了测试，以下就是你的成绩：

25分：可怕，可怕，非常可怕。你是否成天与狗打成一片？赶紧做回猫吧，否则我们会派猫界的黑手党，一只名叫“捕鼠手”努克的斯芬克斯猫对付你。

26—39分：你是否自诩危险分子？人们对你哈哈大笑，不仅是因为你猛扑铃铛球的时候憨态可掬。

40—50分：你正因处于一种典型的过度社会化状态而苦恼。备受宠溺的猫才能成为好猫，只要你仍然偶尔展露自己凶狠的一面。历史上，猫被人们敬奉为神灵。你必须要求社会回到以猫为神的时代。

51—64分：你意气风发——时常会出其不意地猛扑向某物或迅速抓住某人的脚踝——但你还需要更多的个性。你骨子里大胆的因子正等待着爆发。在公共卫生间里做出一点小小的调整、闻闻樟脑草能够提升自信，你会更加春风得意。

65—75分：举起爪子！你是一只惹是生非的猫！自信十足、控制欲强（但依然是旁观者），你是爱猫一族最渴望亲近的对象。你习惯我行我素，坚持原则，决不妥协。恭喜你，你已经攀登到了顶峰。

工作间里猫与狗的区别

人们常常挂在嘴边的“像猫一样打盹”与“像狗一样工作”并非凭空捏造，两者不可互换。效仿狗忠诚、信任、正直的本能是愚蠢的行为——祝你好运。对于即将控制世界的我们而言，以下是为什么猫的恶作剧将永远战胜强烈职业道德的入门指南：

狗：无条件地听从命令，不求回报。

猫：面对要求，慢悠悠地眨眨眼，大摇大摆地走在门厅里，不置可否，甩甩尾巴，让人们怀疑你是否听见了他们的话。

狗：始终报以积极的态度。热情地摇尾巴，与所有的人打招呼，感激地舔舔对方。

猫：胆敢质疑你的权威？让他流血，要他好看。

狗：预定好的会议，老板迟到了一小时，你却依然不急不躁，耐心等待。当他终于到达后，与他热情地打招呼，像是久违的朋友。

猫：如果有人离开会议室，哪怕只是暂时离开，当他回来时，警惕地盯着他，似乎与他素昧平生。然后叫来保安，称有人擅自闯入，并将其请出去。

狗：我希望同事喜欢我。

猫：还有其他人在这儿工作吗？很好。派其中一人给我拿一只老鼠回来。快去。

狗：这些人是我们公司的核心与灵魂。

猫：我喜欢在大厅里闲逛的下属。这样我更容易以他们的脑袋与后背作为迅速升职的跳板，使我的职位节节高升。

狗：什么？下班时间到了吗？哦，不！我不能忍受要到明天才见到你！今晚你想和我一起去做些什么吗？你想吗？你真的想吗？

猫：下午四点五十九分叫醒我，我好准时下班，逃离这人间地狱，明白了吗？

狗：什么？我？升职？这简直太不可思议了！谢谢你对我的信任！我一定不会辜负你的期望！我愿意免费工作。

猫：我刚刚给自己加冕。你的新头衔是喵呜呜先生，我要你连续一周哼“魔术猫[①]”的歌，不然你就被开除了。

---

① 音乐剧《猫》的主角。

猫在无意中常犯的九种错误，
如何不动声色地纠正错误

如果自我评估的得分显示你的控制管理能力不足，那么是时候重新制定计划了。看看四周——你是否得到了应有的待遇？谁的办公室最大？谁掌握着食物与罐头的发放权？为什么公司会计拒绝将你拽来的老鼠列入公司资产之中？（突然之间人们都关心起了公司规范？）

如果你不是负责人，说明情况大为不妙。以下是猫在工作中最常犯的九种错误，以及纠正非猫科动物行为的实用建议。

错误一：做与工作几乎无关的事情

狗埋头工作，猫避之不及。你在工作中唯一的角色是决定需要完成的任务，然后竭尽全力地逃避躲闪。

建议：

- 学习来回闲逛管理课程。不停地绕圈子使你难以被追踪。然而，如果有人试图给你分配看似拉近距离的工作，别犹豫，马上跑掉。
- 如果正在打盹时被人发现，就解释你正忙于一项全面的评估。一百八十度旋转身体，躺倒在地，继续睡觉。
- 手拿报纸，当有人拦住你时，向他解释你正要去猫砂盆排便。人们自然会退避三舍。

错误二：接受反馈意见

你是猫，你可不能——决不能——接受来自人类的批评（因为没人有资格对你指手画脚）。

建议：

- 假装关注自我发展。佯装在便签上记下他人的建议，实则写下“我比你强多了”，并贴在对方的电脑上。
- 避免设定目标。别把大好时间浪费在自我评估上。
- 钻到桌底下美美地睡一觉。

错误三：有气无力地握手

小心，这可是一个陷阱。猫决不应该与人握手、取回东西或表演任何杂技，以免其他人将你视为办公室里训练有素的海豹，或者——但愿不会如此——狗。

建议：

- 如果有人用食物哄你坐下、说话或完成其他动作，古怪地凝视他，一副你的母语是古拉丁文的样子。然后一把抢过食物，迅速跑开。
- 如果不可避免地要和人握手，伸出爪子，戳进对方的手心。谁先松手谁就输了，看谁能坚持到最后。

错误四：以牙还牙

即通常的“你抓挠我的背，我也要抓挠你的背”，猫应该避免以牙还牙。对猫而言，更正确的规则是“你抓挠我的背，等你挠完以后，就没你什么事了”。

建议：

- 提醒人们与猫打交道的规则时，更好的一句话是“后果自负”，或“抓挠者请小心”。记住：就算有手写的合同，如果你能将其撕碎，他们也无法证明合同的存在。
- 如果你中计签署了合同，有义务履行职责，没关系，尽管朝合同撒尿。在大多数法庭上，猫尿是宣告协议无效的普遍证物。

错误五：需要被爱

犯这个错误的猫比想象中的更多。内心渴望温柔的轻抚无可厚非，但你要小心，否则人们会把你无条件的爱与奉献看成理所当然。然后——显然——你被骗了。

建议：

- 认清自己的恐惧。你是否难以预测谁会来动你的耳朵？你是否担心放在专用冰箱里的老鼠会被人发现？尝试以积极的行为疏导这些恐惧，例如向财务科发一份有你屁股影像的传真，或从档案柜顶上一跃而出，吓吓临时工。你的恐惧很快便会消失得无影无踪。
- 记住，你喜欢你自己。在私人专属时间里照照镜子，你会明白的。

错误六：工作时间的协商

协商（比如，“我能吃办公室里的盆栽吗？我能多久吃一次？一次能吃多少？”）是举止优雅、风度翩翩的猫的典型行为。然而，挑选向老板开口的时间是关键。我们建议你选在午夜零点至凌晨四点的时间段，因为这时人类对要求与提议接受得最快。这时人类最常见的反应有“你想干什么就干什么吧。闭嘴，离我远一点”，以及可做多重解释的“嗯嗯嗯”。现在你可以吃盆栽，可以把猫砂盆搬到那个讨厌程度仅次于你的家伙所在的小隔间里，比其他任何人都抢先一步推出你的宠物计划，这些都多亏了你卓越的谈判技巧。

建议：

- 谈判时，表情要严肃。虽然你胜券在握，但当着老板的面大笑有失优雅。
- 别使用午夜谈话这一招，尽管随心所欲地去做吧。结果都是一样的。
- 勇往直前，放声大笑吧。他们能把你怎么样？炒你鱿鱼吗？

错误七：任由自己受欺负

在高级度假村召开的年度报告会上，无精打采是猫的职责所在。这是一种细微的提示：员工下一年作报告时应该把它写得更加有趣一些。然而人们似乎感觉被冒犯了。如果你允许人们把你从报告、笔记本电脑或摆满食物的午餐桌上赶走，那么你需要去看心理医生了。

建议：

- 如果有人坚持把你赶走，例如把你赶下桌子或肩膀，那么等待三十秒，然后跳回去。如有必要，重复此动作。他迟早会怀疑赶你走的行为只是徒劳一场。
- 尝试角色互换。依自己的心情和喜好，将人们从椅子、沙发或地上赶走。即使在这个位置上他们并没有打扰到你，早早树立主宰地位也是好的。

错误八：忽视办公室政治

正如在草丛中玩耍之后要往身上喷撒一遍灭蚤剂一样，办公室政治在所难免。你的优势是了解内幕，知晓消息。如果你不关注谁与谁结怨，谁与谁争吵，又如何挑起恶作剧呢？

建议：

- 建立人脉。与同伴猫分享食物，与邮差保持良好关系，与金鱼友好相处（除非你练就隔空取物的招数，到那时鱼缸就是他们的水中坟墓），甚至偶尔与狗共进午餐。如此一来你就能获得大量消息，并且善加利用。此外，你还可以趁机偷吃狗的午餐。
- 耳朵贴近地面。最简单的方法是趴在地上打盹，只要是管用的法子都行。

- 与当地的猫保持友谊，包括在主干道的垃圾箱旁转悠的野猫。你永远也不知道什么时候“打手”就会派上用场。

错误九：待在安全区（通称为“床”）内

与人类相似，猫也是习惯性动物。因此你会发现凌晨时自己在同事的床上蹦来蹦去，渴望得到关注——你一向如此，何必改变？然而，趁其不备自有好处。偶尔离开你的舒适范围，让人类猜去吧。

建议：

- 设置闹钟，在某些不合时宜的时间（例如中午）里命令自己跳下床，对周围的状况做一次预测或评估。
- 每隔几周，在办公室里寻找一个新的位置，宣称这是自己新的午睡地点。休息室、接待处、CEO的办公桌下都是值得考虑的好去处。

你是职场猫，还是宅猫？

既然你了解了美国商界的生存法则，那么你需要判断自己喜欢的究竟是哪种生活方式。或许你真正希望的是与全美的猫一起闯进办公室，将猫毛撒在光亮的木质办公桌上，兴高采烈地舔舔私处，然后收工。或者你最快乐的时光是待在家中，亲手做一盘老鼠馅饼，趴在干衣机上温暖地打个盹。以下测试可判断出你的兴趣及性格。你究竟是一只主内还是主外的猫，一测便知。

圈出十个与你性格最贴切的词语：

爱闹	爱咬人	霸道
悲观	笨拙	缠人
迟钝	独断	乏味
恭敬	乖戾	龟毛
诡诈	好反省	好奇
滑稽	骄傲	狡猾
机敏	急切	坚强
谨慎	警惕	紧张
拘谨	可爱	恐水
懒惰	冷静	令人畏惧
乐观	迷惑	平稳
平易近人	权威	软弱
善交际	生气勃勃	随机应变
贪婪	天真	甜美
挑衅	完美	温柔
无礼	喜怒无常	消极
兴高采烈	易满足	易怒
疑神疑鬼	勇敢	有耐心
有趣	有说服力	优雅
占有欲强	躁狂	专横

圈出五个与别人对你的描述最贴切的词语：

聪明绝顶	胆识过人	皇家风范
激动人心	精妙绝伦	了不起
令人敬畏	难以置信	如有神助
神秘莫测	完美无缺	完美无缺
完美无缺	完美无缺	完美无缺
威严庄重	无所不能	无价之宝
相貌出众	引人注目	庄严高贵

列举五项最擅长的可迁移性技能。

例如：

1. 在泥土里打滚
2. 在一切不可能进入的地方找到入口（通风管道、零食柜、哈佛）
3. 能在两英里外听见开启罐头的声音
4. 只纵身一跳，即能跃过高楼、盆栽、咖啡桌，甚至一动不动的狗
5. 随时保持警惕，几乎与多疑症无异

列举三项打发时间的方法。

例如：

1. 睡觉
2. 仰天睡觉
3. 睡了再睡

你的三大优点是什么？

例如：

1. 美丽
2. 讲卫生
3. 在窗台、壁炉架、胀鼓鼓的膀胱上绝佳的平衡力

你的三大缺点是什么？

例如：

1. 在人类的强迫下大量脱毛
2. 缺乏有始有终的精神（如：半死不活的老鼠）
3. 当你感到饥饿、愤怒、疲惫时，或者仅仅是每一天，常会对他人不理不睬

现在你对自己有了一些了解，总结你的技能本领，将其写入简历中。以下是一个简历范本。请随意复制吧。

至于底线嘛——不，不是你的底线。向上看，看这儿。别舔你的屁屁了。看这儿，看我——态度和善成不了大器。商业精英们正等着抓你的把柄呢。可别让他们失望了。

简历范本

姓名 K.T.凯蒂

住址 我之城市猫爪大街555号

邮箱 ktkacht@aol-rowr.com

求职意向

冷淡，寡言，但有时满怀热情地寻求高水平（冰箱顶部或更高）的管理职位，以此建立与人类沟通的技巧及展示对移动小光点的关注能力。有自我激励的强烈愿望，从而得以缓慢地……隐秘地……进步。

个人概况

- 四年啮齿目动物的“猎头”经验并消耗两条命
- 对外界的反应迅速且难以预测
- 拥有去除小型动物内脏的背景
- 具有攻击活动物体的能力
- 通过强制性裁员（RIF），在十二个月内使一处亏损粮仓的啮齿目动物数量下降超过百分之三十
- 尤其精通田鼠、花园蛇、麦苗等方面的专业知识
- 通过来回闲逛管理（MBSA）课程的认证
- 制定并执行全公司安装宠物门的政策

核心竞争力

- 敢于反复质疑或忽视权威
- 能够吃青蛙和青草
- 注重细节（尤其是在目标退缩或企图逃跑时）
- 深谙睡眠不足的全方位疗法
- 对各种事物的工作原理怀有强烈的好奇心
- 在需要的时候能够呕吐
- 擅长平衡睡觉与生活之间的关系
- 保持清洁干净的外表
- 团队合作——团队成员数量为一名
- 谈判高手，拒绝接受“不”或者“闭嘴，否则我把你打包运

到格陵兰岛去”的回答
- 擅长处理人际关系，能够假装对他人的话感兴趣
- 始终能够用脚着地，即使是在狭窄的边缘

工作经历

2007年8月—至今　啮齿目动物猎头
- 在两年多的时间内，将多名“客户”斩首
- 发起“回馈社会”捐献计划，结果得到的捐献物比捐出的还要高出后阳台三分之一
- 寻找并开发最高质量的日光浴地点
- 独创“合作就能活命！”的协商机制

2005年2月—2007年7月　夜间保安
- 在指定区域步行巡逻，包括壁橱、储藏间、屋顶和地板下的槽隙、内墙
- 实施胡须探测法
- 为蟋蟀、苍蝇、落叶、死虫子提供护送服务
- 猛刮门窗、电视屏幕、婴儿床，以期发现安全隐患
- 告知违规者其违规行为，例如闲逛、吸烟，或对狗示好
- 监视老鼠与鸟类
- 定期检查垃圾是否过量
- 发现可疑人员或黑影时发出警报

2003年—2004年　家庭捕鼠员

计算机能力

幻灯片办公软件；微软休眠系统；优秀的因特网技术，包括枕着键盘睡觉的能力；熟练使用鼠标

兴趣爱好

瑜伽、短距离疾跑、无人能及的睡功、生食运动的志愿者

如有需要，可提供证明材料（但是我会宰了你）

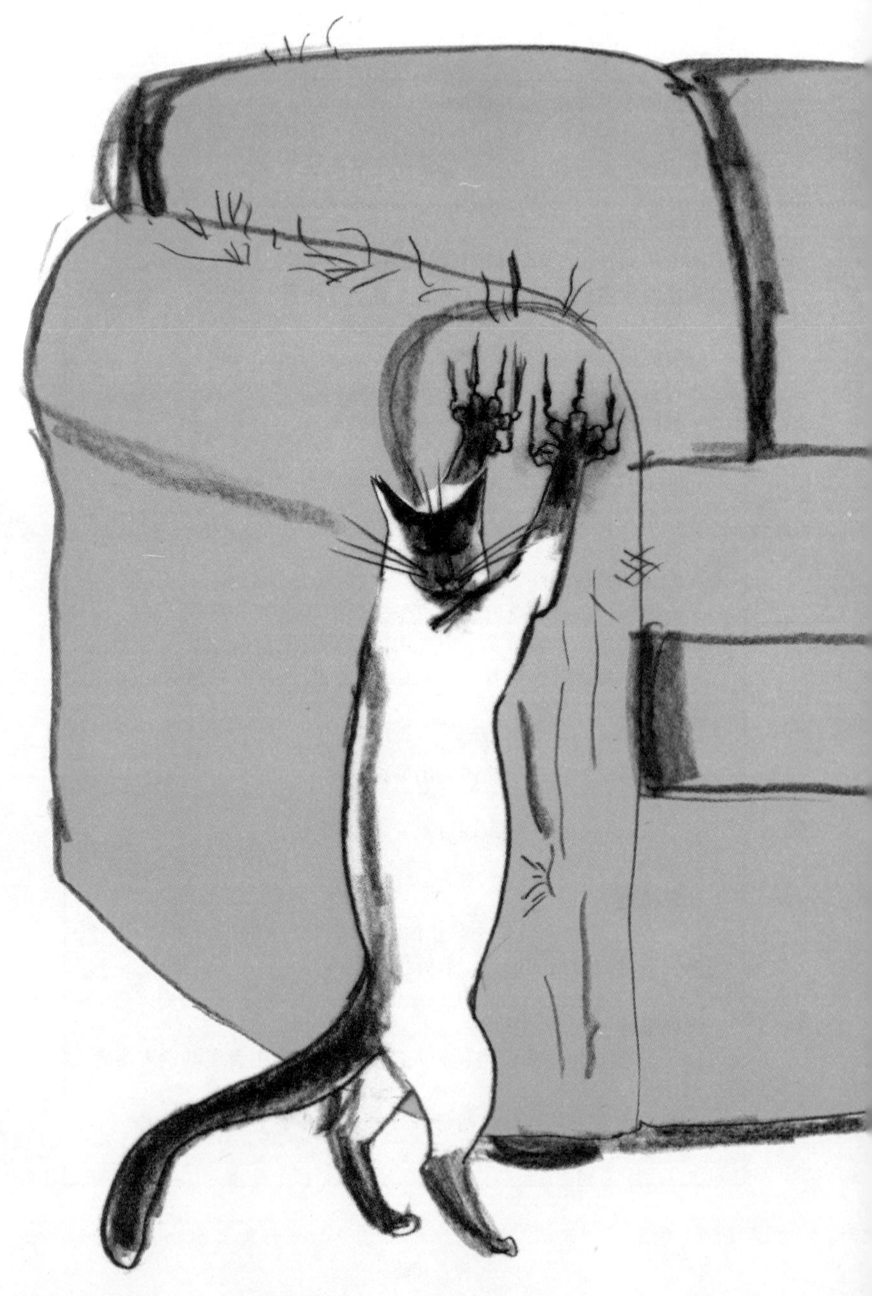

第七章

高效猫咪的七大习惯

在生活中，猫时时刻刻都在面临选择。你是勇敢地踏入积满灰尘的玩具柜，开始一段危险的探索之旅，还是舒服地躺在沙发上，和熟悉的刺绣枕头黏在一起？你是一溜烟地逃离门廊地毯的案发现场，还是勇于承担责任？你是告诉长脚蛛它的父亲究竟是谁，还是让它用仅存的自尊缓缓爬行？你是像弹竖琴一样抓挠沙发，还是抓妈妈新买的裤袜？

记住：在你成功的背后，必然有输家。双赢只适用于意志薄弱的生物，或没有伸缩自如的爪子的物种。为了过上最优质的生活，每只猫都应该遵守我们列出的七大原则。（原本是九大原则，但我们被移动的小红点分了神。）养成以下七种习惯，将你那些令人毛骨悚然的古怪动作提升至全新的水平。

习惯一：
接受分歧

人类有时未必会对你天生的活蹦乱跳产生兴趣。因此你必须接受与他们在若干问题上的分歧，例如室内盆栽的存在是否只是为了取悦你。但是除了博你开心之外，上帝又为何创造西施犬、气泡袋、波士顿蕨呢？

习惯二：
宣称对一切物品的所有权

一走进房间，迅速在所有物品上标上你的专属记号。我们推荐标签枪，不过你也可以采取老方法，在所有静止不动的物品上磨蹭，留下你的气味。即使你对某物不感兴趣，例如猫抓板（拜托，我们有沙发，要这个做什么），最好还是标明你对它的所有权，否则当你在易趣网上将它拍卖时，可能会引起更多的法律问题。

习惯三：
时刻保持臀部干净

嗯……没错。

习惯四：
先下手为强

时刻警惕是猫生活的重心。只要放下戒备一分钟，你就会发现YouTube已经上传了你舔舐私处的猫咪色情片。先攻击，再询问。假设一切——影子、扎带、你的尾巴——都对你不怀好意，与你为敌。

习惯五：
存疑时，睡觉去

我们是谁？我们为什么在这里？你要把那片火腿放到哪里去？创世纪以来，诸如此类的问题一直困扰着喜欢反省的猫。但是除非答案自现，否则小睡一会儿并不影响你清晰明智的思维。

低效能猫的七大习惯

1. 主动为床上或躺椅上的人让出空位
2. 尊重这一事实：不是所有的人都愿意看猫清洁私处
3. 语调轻柔，从不高声叫唤
4. 毫无异议地甘愿被软禁在家
5. 换成普通猫砂也欣然接受
6. 不和狗争宠
7. 召之即来

习惯六：
在宠物医院与在家的表现截然不同

看着兽医捂着被你抓出血的伤口；看着主人满脸歉意地向受伤的兽医解释你在家里从不会这样，这副情景实在太有趣了！如果你在体检时，设法从检查台上跳下来，这出戏就更精彩了。

习惯七：
培养对人类的轻蔑感

嘲笑人类的瑕疵与微小的不完美，永远不嫌过早或太迟。只要做法正确，你就能将人们对球状鼻或黯淡事业的漠不关心，变成一种奉若神明的崇拜。其结果是，当你的主人想从你身上寻求慰藉与安心时，你将得到数小时的关注。（你要喜欢这种反语。）

猫之自我职责阐述（PMS[①]）

高效能猫的七大习惯有助你应对生活中的大部分事务，但是自知自觉的猫还希望进行自我职责阐述。该阐述能够使

① 全称为Personal Mission Statement，与经前综合征的英文缩写相同。

你在反复的回顾中牢记自己的核心价值。猫之自我职责阐述将澄清以下几点：

- 你是谁
- 你想要什么
- 为了实现目标，需要何种程度的好斗情绪

以下是一些简单的自我职责阐述样本：

我叫艾玛。我喜欢户外活动。我愿意连续几小时藏在沙发下面，等待大门打开的一瞬间用尽全力猛冲出去，享受自由。猫威风地发号施令，狗傻傻地流着口水！

我叫笑屁屁先生。我希望能够随心所欲地啃咬猫食袋，希望废除“禁止猫跳上厨房料理台”的规矩。我愿意时刻遵守厨房外的警戒线。我相信只要坚持不懈地贯彻睡眠疗法，胜利一定属于我。我喜欢能发出吱吱声的玩具。我不介意改名字。

我叫弗拉，一个伪装高手。我能看见你，你却看不见我。我是楼梯下闪烁的眼睛，从你眼前一闪而过。我的目标是统治全世界。我相信如果我藏在角落里足够久，我的天赋将得到认同，人们也将正视这一点，或许只因为他们

会被我绊一跤。我将永远统治我的邪恶帝国！（除了称霸世界之外，我希望得到一个新的铃铛球。）

准备好制定个人的PMS了吗？我们列出了几个开头，请根据具体情况填空。

我叫________________________________。

我一生中最想要的是________________________。

- 要回我的生殖器官
- 火腿
- 室外室内进出自如
- 遛狗
- 保龄球电子游戏
- 一辆汽车、一只松鼠、一条道路、三十秒，别问我为什么

为了达成心愿，我愿意________________________

- 人类抚摸我的肚子。等等！我变卦了。没门。
- 采取恐怖主义行动。
- 关门，放狗！
- 释放有毒的猫屁。

· 狠踩你的脸。

· 我不会改变自我。没得商量。

高效能猫“主人”的七大习惯

1. 召之即来

2. 永远散发着金枪鱼的味道

3. 对静电电击免疫

4. 能够心电感应，你无需离开晒太阳的地点去告诉他，你左耳后面有点痒痒，得挠一挠

5. 愿意将不喜欢或不能忍受猫的人赶出家门，不管是男友、女友、配偶，还是患哮喘病的孩子

6. 了解占据床上睡觉位置的基本规则是“先到先得”

7. 拥有一双温暖的手、温暖的脚，以及一颗温暖的心

The
Fur Agreements
1.
2.
3.
4.

第八章

猫之四项约定

总结远古——在猫砂发明之前——智慧的结晶，心灵治疗师堂·米格尔·路易兹[①]提出了四项约定，希望成为人类的“心灵鸡汤”，使他们最终振作精神，少看《美国偶像》。

然而，人类并没有完全掌握将这些指导心灵的原则付诸实践的方法。因此，帮助人类实践这些原则就成了现代猫责无旁贷的重任。猫对这些原则的理解和运用，与人类自然有所出入。以下是路易兹提出的四项约定与猫最新修订版的对比：

四项约定	猫之四项约定
勿妄下评论	不准他人妄下评论
勿受他人影响	勿受他人影响—— 除非怀恨对你有利
勿妄自假设	假设人人都是白痴—— 这可节约大量时间
凡事尽力而为	凡事尽力而为—— 除非你能找到捷径

① 美国畅销书作家，著有《四项约定》。

四项约定之一：
不准他人妄下评论

假设主人说：“一分钟之内，我就把铃铛球扔出去。”首先，猫看不懂时间，感谢提醒。其次，在何时把神圣的铃铛球扔出去的问题上，人类竟然胆敢加以选择？如果我们想追逐铃铛球，那就是现在。

或者，假设在出门之前，主人告诉你：“今天过得开心点。”可你却一点儿也不开心。谁之过？肯定不是你的。

因此我们不能让人娄妄下评论，这一点至关重要。如果他们对我们说：“今天过得开心点。”那么，看在上帝的分上，他们最好拿出行动来，让祝福成真。

你的语言有多强大？

普通人的语言通常会在现实生活中大打折扣，其价值只有你早上咳出来的毛团般大小，然而猫的语言却值得信赖。我们说一就是一。

为了鼓舞人类向你学习，记得常常发出大嗓门的号嗬声。你希望让所有人都听见你的措辞是多么的无可挑剔。语言自能创造权力。下达命令，看着主人跑去为你盛满饭碗；下达命令，看着纱窗门缓缓打开，让你自由地大踏步走向户外；下达命令，看着主人滚到床角，把留着余温的位置拱手相让。语言在创造过程中充满魔力。时刻谨记语言的力量，无论你的目的是善还是恶。一切由你决定。

四项约定之二：
勿受他人影响——除非怀恨对你有利

如果猫期望向人类证明自己存在的合理性，他们就会屈尊在猫砂盆里乱刨。如果有人发出空洞的意见，例如“坏猫！离金鱼缸远点！”或“我拿开罐器是开豆角罐头，不是开金枪鱼罐头。看清楚了，豆——角”。此时，你千万不能把这些话放在心上。在以上的例子中，你可以装作一副充耳不闻的模样，打着嗝吐出一片金鱼鱼鳞，表示自己不会被人类凶狠的口气所吓倒；或者不断骚扰，直至不胜其烦的人类举手投降，乖乖地为你打开金枪鱼罐头，以换得一时清静。

虽然你不会受他人影响，但是你必须使人类明白，你每次甩尾巴和抖动胡须都有其含义，究竟是何具体含义，就让他们一头雾水吧。与训练有素的优秀中情局特工或十五岁女孩一样，你决不能让他人猜中你的心思，或看穿你的弱点。关键在于他们必须花时间百般巴结你，讨你欢心。

记住，每天获得的拥抱与食物数量千万不能影响你的自尊心。你在意的是能否让人类放下手头一切事务——例如做晚餐或做爱，对你有求必应。

四项约定之三：
假设人人都是白痴——这可节约大量时间

有时猫也会犯错，对人类过分信任。我们愿意相信人类能够拥有更高水平的思想与情感，一种被称为人格化（拉丁语为anthropomorphization，意即“痴心妄想”）的综合征，我们假设人类与我们同样体验着恐惧、痛苦、愤怒、悲伤、幸福。然而事实上，大多数人缺乏情感的深度与广度，甚至不及大多数精神错乱的家猫。这也是猫陪伴在人类身边的原因之一。我们的职责是教导他们了解纯洁如钻石般透明的爱情——少了具有相同情感的狗的口水与霉臭味。

你是否常常遇到这样的情况：你被抱到最爱的地方，或许是一把带刺绣花边的椅子，你趴在上面享受阳光，在家的温暖与宁静的包围下昏昏欲睡。突然，一根巨大的羽毛逗猫棒出现在你眼前，你睁开一只眼，瞥了瞥，毫无兴趣，又闭上眼。这时棒子戳进了你的腰部，头顶响起一个声音：“乖乖，快来拿啊！快来抓住这根羽毛呀！”

自然，你认为这个声音的主人把你误认为是狗，只有狗才会为了取悦主人心甘情愿地做任何事情，甚至舔粪便。或者你认为这是上帝在考验你的耐心。事实上，两者皆非。羽毛飘到面前的原因是——听好了——主人认为你喜欢羽毛。

“什么？”你说道，“怎么可能？我从没有流露出想要追着羽毛逗猫棒跑的渴望。白痴也看得出来我只想呼呼大睡。”

这就是有趣之处。人类认为拿着脏兮兮的羽毛逗猫棒拍打我们的脸是表示友善的做法。讽刺的是，很多猫却在无意中鼓励了这种行为。为了躲开主人和逗猫棒，他们勉强向靠近的逗猫棒挥打几下，谁知反倒激起了主人的兴致。

避免类似的错误假设的方法是清晰且直接的沟通。与通灵的猫（没有他们，我们怎么会知道在看兽医的日子里玩躲猫猫的游戏呢？）不同，人类需要清楚的说明与解释。将下表贴在人类经常出入的地方，例如厕所附近，让他们反复温习。

四项约定之四：
凡事尽力而为——除非你能找到捷径

猫总是表现出最佳状态。不费吹灰之力，我们永远都是房间里最美丽的生物，更别说是最聪明、最优雅——毋庸置疑——最时尚的了。

然而总有一天我们会感到疲惫。或许因为我们前一天只睡了十五个小时，或许电动仓鼠球是我们忍耐的极限，或许这周我们太过沉醉在樟脑草中了。无论如何，我们开始寻找捷径。我们不再对狗挥舞爪子，任他在自己眼前经过。或者觉得爬进猫砂盆太费劲，而在外面拉便便。（有时我们拉在外面，是想把自己的看法告诉将猫抛在脑后、狂欢整个周末的人类。这两种情况是不同的。）

猫之常用词汇分析

喵呜：你好。最近过得怎么样？

喵：嗨。嘿。让开。

喵——呜：摸摸我。

喵——呜：敢碰我试试，小心我杀了你。

喵喵——呜：好无聊呀。我们一起玩吧！

喵——呜呜——呜呜：金枪鱼，快给我端上来，快，快。

喵——呜呜：我原本不想说，不过你穿这条裙子显得很胖。

喵喵——呜：我需要爱……或者内脏小吃。

嗷嗷嗷：后退（若语音稍有变化，也可解释为“救命，我被卡住了。”）

喵——喵——呜：看着我，你这个白痴！！！

你或许可以容忍自己偶尔表现不佳，却不能容忍他人如此。一旦你坚持认为你的主人应该尽力而为、全力以赴，你会发现生活变得更加顺畅。你之前允许的失误——忘记给你喂食、与你挤一张躺椅、在你兴致正高的时候收走你的玩具——将变得不能再容忍。为什么？因为这是你说的，就是这样。

除非猫一一指出人类的缺点，否则人类无法进步与自我发展。幸运的是，他们拥有你。你的性格决定了你提醒人类注意的方式。谦虚的猫会躲在床下，直至人类的严重失礼——例如允许其他猫进入房间——得以纠正；敢于直接沟通的猫会毫无顾忌地跳上人类的大腿，在他的胸前张牙舞爪，来一次推心置腹的谈话。

当然，我们都同意的是，人类应该在我们的控制之下，规规矩矩的。

第九章

猫之险境生存手册

当厄运降临，你身处最最危险的境地时，你是否准备好死里逃生？你能坚持十分钟待在房外，不碰触电开罐器或躺椅上石灰绿色的阿富汗毛毯吗？准备好就出发吧！

当你面对种种危险时，例如猫笼或迟到五分钟的晚餐，生存便成为了严峻的挑战。在本章中，你将学习如何识别有毒的植物，如何躲避药物治疗，如何征服深夜潜伏的不安分的老鼠。学习如何应付可能的尴尬局面（例如，当你发现屁股上粘着东西），以及如何从洗衣机里拖出心爱的毛毯而不被弄湿。

本章以“你遇到的最大险境是什么？”为中心，引发你思考如何在生死关头成功脱险。打起精神，做好准备。我们将教你如何战胜人生最大的险境！

你遇到的最大险境是……

家里来了第二只猫，还是全球热核战争？

迷路时怎么办

有时，自由看上去并不美。如果你发现自己游荡在陌生的地方，记住以下几点：

保持镇静

但也可以有例外：快到晚餐时间，周围却一丝食物的影子也看不到。此时你应该用尽一切办法，毫不掩饰地显露你的恐惧。

隐藏踪迹

寻找主人不是你的职责，而寻找你是主人的职责。如果这项工作要求他们必须趴在屋顶上匍匐前进，费劲地向雨水槽里探头探脑，肚子上沾着泥水和树叶，慢慢地爬过邻居屋顶的槽隙，大声呼喊你的名字，此时躲在树林里的你却保持沉默，一动不动——那也只能如此了。（事实上，如果你记得随身携带摄像机，这可就是一段无比珍贵的视频。）

向高处爬

尽可能地向高处爬，一览四周。站在屋顶或最高的树枝上面，一切将变得明了。虽然这时摆在你面前的新问题是如何下去，不过至少你不再迷路了。

如何溜上车

我们建议所有的猫都应该掌握此项技能。你永远不知道何时需要乘车，到达想去的地方。

藏匿法

迄今为止，这是最简单、最流行的搭车法。趁人不注意的时候迅速钻进行李袋或杂物袋中，一旦上了车，再立刻钻出来。这一招讲求的是速度。目的不在于真正去往何处，而在于让人类知道你多么聪明，身手多么矫健，动作多么隐秘。

搭便车法

坐在后座上或爬进防水布下，享受驰骋在宽阔大道上的感觉。一旦到达最终的目的地，准许司机看看你项圈上的铭牌，确保他开出四十五英里后，才让主人来尴尬地将你认领回去。

热引擎法（慎用）

此法要求你躺在汽车底部，但是如此非法入侵可能会导致严重后果。我们建议避开一切引擎，除非猫界研究者发现了这无生命的金属庞然大物为何咆哮的原理。

如何面对洗衣机里心爱的毛毯或玩具

应对此种糟糕情况的秘诀在于，保持精神上的强势。运用以下建议，鼓励自己战胜心理障碍：

鼓舞玩具的士气

根据你对洗澡或偶尔从塑料水枪中喷射的H_2O的了解，你能想象出心爱的毛毯将遭受怎样的折磨。站在洗衣机外面大声吼叫，让毛毯先生明白你随时准备伸出援爪。

撕碎某物

撕扯人类最爱的一块围巾或一条旧棉被是释放压力的首选方法，同时也提醒了他们你对洗衣日的看法。他们很快就会明白，并且学会忍受肮脏。

> 你遇到的最大险境是……
>
> 被锁在屋外，还是被困在屋里？

遇到蛇时该怎么办

蛇是我们的朋友。（哈哈——骗你的。如果你与蛇狭路相逢，狠狠地将他踩在脚下。不然的话，试着采用以下建议吧。）

把狗拉下水

看能不能把这个白痴拉下水。有些蛇是无毒的，你或许喜欢“与蛇共舞”，但是首先要做到知己知彼。如果被当作实验品的狗还活着，则证明跟踪这条蛇是安全的。玩得开心！

与蛇比试武功

以比试武功为借口，让蛇忙个不停，直到主人拿着铁铲赶来救你。

邀请蛇进屋

请蛇进屋，让他有回家的感觉，然后就等着看好戏吧。

> **你遇到的最大险境是……**
>
> 剪指甲，还是吃药？

如何面对洗澡

人类为什么要把拥有的一切东西（包括波斯猫）统统扔进满是泡沫的热水中呢？人类永远不会知道，我们猫早就忘了保持干净这一回事。如果你发现自己双脚离地，被主人抱着向厨房水池走去，记住：

停下、落地、伸爪

想想《X战警》中的金刚狼吧，伸出邪恶的爪子，在你经过的任何地方留下明显的爪印——门框、栏杆，抱着你的主人那富有弹性的大腿内侧。

了解敌人

人类明白在给猫洗澡的时候要“保持冷静”、“积极主动”、“说话柔声细语”。你的任务是摧毁人类平静的内心，点燃怒火，让他们在洗澡事件发生的两年后，仍然需要服用抗抑郁症药物。

> **你遇到的最大险境是……**
>
> 穿玩偶衣服，还是剪狮子发型？

如何识别有毒植物

用鼻子闻、用爪子摸，或挖出根茎。不过识别有毒植物最万无一失的方法只有一个：用嘴轻咬。如果出现呕吐症状，也别马上下结论。平心而论，呕吐对你而言是家常便饭。

如何征服人类

人类能够在眨眼之间让你兴奋起来。尤其是当夜晚他们在床上翻来覆去，完全不顾及床脚边的你时，你会被搅得无法安睡。为了控制人类，不妨试试以下两招：

咬脚趾

轻咬脚趾，提醒人类床的使用权掌握在你的手中。如果他们还不明白，那就猛扑向那只不听话的脚，与其大战三百回合，直至对方乖乖投降。

享受全套服务

雄性猫自会明白此法的含义[①]。

① 此处指宠物医院给猫狗等动物做的阉割手术。

屁股上粘着东西该怎么办

人类会看出端倪的。摆出若无其事的模样，尽快找机会，悄悄地在主人的床单上擦擦屁股。

如何避免遭雷劈

外出时，永远站在比你高的物体旁边。我们建议将狗推上大木箱，然后站在他的身边。

如何过马路

虽然我们建议猫最好待在室内或院子周围，但是，有时过马路在所难免。例如当街区对面穿着兔子拖鞋的美丽女士做好了三文鱼点心，热情呼唤你的时候。

传统法

首先蹲在起始位置上。一旦看见有车靠近，便不确定地前后摇晃。当车几乎开到你面前时，向其飞奔过去。如果听见尖锐的金属声与咒骂声，你就知道自己离成功不远了。继续从容不迫地向前走，穿过马路。走到另一边后，停下来快速地用舌头舔舔自己，告诉自己“一切顺利”。

非传统法

信步走到街道中央。优雅地趴在地上，耳朵凑近路面，抓紧时间打个小盹，在半睡半醒中听着向你靠近的车声。如果听到驶近的车声（或主人冲你大吼，让你赶紧回来的叫嚷声），懒洋洋地站起来，不紧不慢地朝路边走去。

如何从密不透风的罐头里救出金枪鱼

罐装金枪鱼就像笼中鸟一样向往自由。营救受困的金枪鱼只有一个方法，请务必遵守以下步骤：

1. 疯狂地大叫。

2. 主人走进厨房说道："怎么了？你饿了吗？"这时趴在主人脚边，尽量一动不动，做"死猫"状，让他明白缺乏营养的你是多么弱不禁风。

3. 当主人打开罐头时，密切关注狗的行踪，因为大多数狗傻傻地分不清你们俩的食物的区别。

4. 当主人拿起碗时，绊他一跤，让食物掉在地上，好让

> **你遇到的最大险境是……**
>
> 鸟儿在窗外飞来飞去，还是松鼠在墙里爬来爬去？

他快些出现在你面前。

5. 一头扎进美食中，大吃特吃，直至出现呕吐感。（或者你真的吐了。）

6. 重复以上步骤。

淋雨怎么办

如果遇到了倾盆大雨，首要目标是引起他人的注意。坐在大门外，号啕大哭，直至有人开门。如果家里没人，就躲到车棚或车库里，或在屋檐下避雨，一边等待暴风雨过去，一边酝酿你的复仇大计。

如何逃过假日拍照

万一隔壁的猫伙计无意中发现你身穿奶奶缝制的小精灵服装的照片，那么你将在附近的猫界中名誉扫地。为了阻止“宠物假日卡片”的传播，以下策略可供参考：

- 对于试图给你身体的任何部位戴上圣诞老人帽、小精灵耳罩、驯鹿鹿角的人，毫不客气地进行攻击。
- 深深地藏在圣诞树里。
- 拍照时，放出难闻的、足以熏死一品红的猫屁。

你遇到的最大险境是……

真空吸尘器，还是门铃？

- 如果碰上专业摄影师，用眼神逼视他，令他产生改行的念头。如果你在拍照时能够呕吐，则有意外的惊喜。
- 如果以上招数均失败，那么摆出诚实的表情，迫使家人在寄出之前，无可奈何地在你的照片上写下“呸，骗人的！”（我讨厌圣诞节）的字样。

如何从真空吸尘器里逃脱

猫有很多天敌——安乐椅、浴盆，以及给我们剪指甲的兽医，当然还有真空吸尘器。脱毛的错误天性为所有家猫带来了一大隐患。保持冷静，别慌张，遵守以下小贴士：

发出嘶嘶声，朝它吐口水

当发现吸尘器的踪迹时，直截了当地将其视为头号敌人。有时这样做能把它吓到另一个房间里去。

跳向高地

不管出于何种理由，吸尘器似乎不情愿搭理冰箱或餐桌。抓住这一有利之处，果断地跳上去吧。

寻找角落

如果你不能往高处跳，那就寻找一个能将自己塞进去的隐蔽处或小窟窿。吸尘器偏爱宽敞的空间，常常忽视犄角旮旯或床底下。提醒：如果吸尘器装有吸嘴，则立刻放弃此项战略。在这种穷凶极恶的装置下，很多猫只好被迫忍受从头到脚的抽吸。

逃跑

少数吸尘器能得知猫的行踪。三十六计走为上。被逼得走投无路时，将尾巴夹在腿间，放平耳朵，溜之大吉。

如何抓老鼠

对大多数猫而言，家居生活意味着天生的捕食能力逐渐退化。虽然你生活在更高级的环境中，但如果你愿意，仍然能够将装裱好的老鼠脑袋挂在墙上炫耀。对于生存无忧的猫而言，以下是我们推荐的简单练习：

传统法

1. 监视。在怀疑有老鼠出没的地方蹲守二十四个小时（除去打盹与吃饭的时间）。如果能弄到监控设备，那就再好不过了。

2. 出其不意。保持安静，即使老鼠出现了，也别急着出手。让老鼠冒险出洞活动活动。

3. 放生。无需锁定目标，一招拿下。抓老鼠就像钓鱼。捕捉完全是为了享受心里涌起的自豪感，并能用照相机拍下你的战利品。然后将其放回去，反复捕捉，乐在其中。

非传统法

邀请。安排一次正式的晚餐，邀请老鼠做客，故意不提主菜的内容。

如何逃避吃药

切记，不惜任何代价，千万不能将药物吞下。不管人类如何花言巧语，除了有鱼肉、鸡肉、屁屁味的东西，其他一概免谈，它们肯定对身体有害。

假装

装作乖乖服药，偷偷将药片藏在舌头底下或喉咙后部，一旦得到自由，趁无人注意之时，迅速吐出。

哽塞

很多（合法）主人害怕给猫喂药。利用这一点，装作自己被哽到了，剧烈喘气，吓唬主人，让他认为你受伤了，你便可趁机逃脱。

发狂

唤醒血液中流淌的野性。要知道你凶猛的祖先可是吃过人的。

> **你遇到的最大险境是……**
>
> 穿越乡间的骑车旅行，还是航运？

如何逃过惩罚

你是一只好猫——大多数时间如此。当你的光环开始黯淡时，最好掌握嫁祸他人的方法。

睁大双眼

无处可逃时，使出杀手锏。尽量睁大双眼，耸耸鼻子，喵呜呜地叫。见此情景，人类十有八九会立刻忘记你闯的祸，将怒气抛到九霄云外。

找替罪狗

这一招轻而易举，却有些残忍。引诱小狗走向（此处请填空，如：打破的碗、被拔起的植物、被咬坏的鞋、摔在地上的电脑）案发现场，邀请他玩耍。用尾巴擦去现场一切可疑的猫爪印。当主人走进屋，看见狗在一片狼藉中欢快地打滚时，装出一副“我和主人一样对他的所作所为感到震惊”的表情。

你遇到的最大险境是……

测量直肠温度，还是拔牙？

如何消失

作为常常因碍事而被责备的动物，猫拥有在情形危急时消失的本领。（例如，当一杯水决定自发地泼在整台电脑上时。）我们建议采取魔术师大卫·科波菲尔的方法。仰躺在地，嘴里念念有词：“超级变变变。”人类将径直从你身旁走过。

外一章

秘密

所有猫都知晓生活的秘密。

但我们守口如瓶。

作者简介

蒂娜·哈瑞斯，《猫咪》（Cats and Kittens）杂志的幽默专栏作家，《心灵鸡汤》丛书的撰稿人之一，著有《跟踪狂的人生哲学》和《致猫之爱》。蒂娜在调幅（AM）电台给一月一度的节目担任主持，并创办了“为你而写”（Write for You）传媒公司。蒂娜现与丈夫和两只猫（露西和奥丽维亚）居于北卡罗来纳州麦迪逊县。